职业院校安全教育精品教材

安全教育读本

ANQUAN JIAOYU DUBEN

主　编：刘晓帆　邹　华　易　峰

副主编：齐先峰　袁志强　杨　明　高仁义　陈　强
黄　晶　王世刚　刘　波　黄　文　彭勋璋

图书在版编目(CIP)数据

安全教育读本/刘晓帆，邹华，易峰主编. —长沙：中南大学出版社，2020.8

ISBN 978-7-5487-4103-9

Ⅰ.①安… Ⅱ.①刘… ②邹… ③易… Ⅲ.①安全教育—职业教育—教材 Ⅳ.①X925

中国版本图书馆CIP数据核字(2020)第153010号

安全教育读本

ANQUAN JIAOYU DUBEN

主编 刘晓帆 邹 华 易 峰

□责任编辑 胡小锋

□责任印制 易红卫

□出版发行 中南大学出版社

社址：长沙市麓山南路 邮编：410083

发行科电话：0731-88876770 传真：0731-88710482

□印 装 长沙雅鑫印务有限公司

□开 本 787 mm×1092 mm 1/16 □印张 10.5 □字数 256千字

□版 次 2020年8月第1版 □2020年8月第1次印刷

□书 号 ISBN 978-7-5487-4103-9

□定 价 29.00元

前言

校园安全工作，作为学校教育工作的重要组成部分，牵动着广大家长的心，关系着家庭的安宁与幸福。党中央、国务院高度重视学校安全工作，多次对教育系统安全稳定工作作出指示批示，对防范化解学校安全风险提出明确要求。要提高全体师生的安全防范意识，提高师生的自我防范能力和自救互救能力。

对职业学校学生开展法制安全防范教育，是职业学校思想政治教育的一项重要内容，也是职业教育知识体系中不可缺少的一部分。做好职业学校学生安全防范教育工作，是职业学校学生顺利完成学业的重要保障，是落实以生为本的重要体现，同时也是创建平安校园、和谐校园的必然举措和要求。

当今社会是一个快速发展和高度开放的社会。随着我国经济和世界接轨，教育领域也逐步和世界教育接轨。在校学生的生活空间不断扩展，与社会各个领域的接触、交流也不断拓宽。社会环境对学校和学生的影响将越来越大，学校的安全和稳定工作也将遇到越来越多的新情况、新问题。近几年来，涉及职业学校学生的违法犯罪案件有所增多，主要表现在盗窃、斗殴、传销、网络诈骗以及校园贷款的泛滥。在校学生的人身安全、合法权益受到侵害，学校正常的教育教学秩序受到严重影响，同时，也增加了社会不稳定因素。相关统计数据显示，我国目前出现的这些安全问题大部分都是学生安全意识薄弱、对社会上的诱惑自制力不够导致的。所以，加强安全防范教育，不断增强学生的安全意识和自我防范能力，建设和谐、安全、稳定的校园环境，是学校、社会、家庭各方面共同的责任，也是帮助学生在错综复杂的社会环境中明辨是非、避免伤害事故、保护自身安全的需要，是实施素质教育的一项重要内容。

我们历来重视学生安全教育，每届新生入学教育时均专门组织了安全防范与教育。在日常学生教育管理中，注重通过法制教育宣讲、消防演习、专题报告、社团活动等形式增强学生的国家意识、安全意识和自我保护意识。《安全教育读本》一书，由湖南省商业技师学院（湖南省商业职业中等专业学校）、株洲市幼儿师范学校、株洲市工业中等专业学校多年从事学生保卫及教育管理工作的同志们编写，内容涵盖了新型冠状病毒肺炎防控、国家与社会安全、人身与财产安全、日常生活安全、校内外活动安全、应急自救等内容，立足校园，放眼未来，对加强职业学校安全防范与教育具有积极的作用。

本书在编写过程中，我们参考了有关著作及论文，吸收了其中不少有价值的成果，其中大部分已在参考文献中说明，文中不再一一注明和列举，在此向原作者致以诚挚的谢意！同时，由于编者知识水平有限，加之时间仓促，书中难免有不足和不妥甚至错误和疏漏之处，恳请各位同仁、专家、学者及广大读者批评指正！

编　者

2020 年 6 月

目录

CONTENTS

第一章

职业学校安全概述

第一节　职业学校安全教育的意义

案例

> 2020年4月29日，张家界桑植县利福塔中学两名学生在宿舍打架，一人持刀将另一人捅伤致死。湖南省教育厅在《关于桑植县利福塔中学学生伤害事件的情况通报》中强调：要全面落实学生安全法治宣传教育。要全面落实立德树人根本任务，保证公共安全教育时间和师资安排，落实公共安全教育内容，增强学生安全法治意识和自我防护能力。

安全是生命之源、健康之根、幸福之本、和谐之需。学校安全事关青少年健康成长，事关千家万户平安幸福，事关社会和谐稳定，责任重于泰山。当代职业学校学生是十分宝贵的技能人才资源，是民族的希望、祖国的未来。学生安全教育是构建和谐平安校园的基础工程。

走进职业学校的学生，不仅要用科学知识武装自己的头脑，更要用敏锐的眼光观察社会，建立起科学的世界观、人生观、价值观，处理好知识、智力、素质、爱国之间的关系。这里，知识、智力十分重要。而素质，尤其是安全素质，是这一切的基础和保障。所以说，加强学生安全教育、增强学生的安全知识、强化学生的安全意识是十分必要的。

一、当前职业学校学生安全意识缺乏

职业学校校园内违法案件居高不下，且呈连年上升势头，除了犯罪分子活动猖獗以及校园内部防范工作相对薄弱等原因之外，职业学校的学生缺乏安全意识也是重要原因之一。这主要反映在以下几个方面。

（一）自我防范意识差

职业学校学生安全防范意识较差，在学校主要表现为：

（1）警惕性不高。学生生活居住的宿舍是犯罪分子经常作奸犯科的主要场所，但是学生警惕性不高，出入宿舍不注意关窗锁门，给犯罪分子有了作案的机会。

（2）贵重物品随意乱放。在学校，食堂、教室、体育场所、宿舍等地方是公共场所，人员流动大，贵重物品随意乱放，容易给犯罪分子提供顺手牵羊的机会。

（3）麻痹大意。在学校学生用水、用电、用火等时，责任意识不强，无意中制造公共安全隐患。

（4）轻信他人。学生缺乏社会经验，容易轻信陌生人的花言巧语和关心，给陌生人侵害自己提供了机会。

（二）法律意识淡薄

有一些职业学校的学生个性偏差，冲动、暴躁、以自我为中心，行为责任意识差，法律意识淡薄，对学生缺乏爱心，对生命缺乏敬畏与尊重，我行我素，随心所欲，凌驾学生之上。

（三）交友不慎

有些学生从中学步入职业学校，社会交往较少，思想单纯，容易与社会上“谈得来”的人交朋友，只顾感情，而失去警觉与防范。

（四）贪图便宜与享乐

有些职业学校的学生人生观、价值观有偏差，追求享乐主义和拜金主义，想通过捷径获取不正当利益，被犯罪分子利用，出现被骗甚至违法违纪，走向犯罪道路。

图 1 -1 提醒学生谨防诈骗。

图 1－1　提醒学生谨防诈骗

二、职业学校安全教育的必要性

安全无小事！学校安全教育是职业学校一项最重要的工作，是学生获得全面健康发展的重要保障，关系广大家庭的切身利益，关系社会的稳定。因此，职业学校安全教育需贯穿人才培养的全过程。学校安全教育是以党和国家法律、法规、方针、政策为依据，以安全知识、安全能力和安全责任为教育内容，通过入学教育、日常教育和课程教育等多种途径，使学生增强安全意识，全面系统地掌握安全知识，提高安全能力，促进学生全面发展，更好地适应学校学习生活和今后走向社会生存与工作而进行的教育。

学校安全教育的内容可以从几个维度来划分。根据教育形式可以划分为安全习惯养成、安全知识学习、安全技能培养等；根据安全主体类别可以划分为国家安全教育、公众安全教育、校园安全教育、人身安全教育、财产安全教育、网络安全教育等；根据安全情境角度可划分为生活安全教育、实习安全教育、职业健康教育等；根据安全行为角度可以划分为安全法规教育、安全形势教育、安全知识教育、安全技能训练等。

(一) 加强学校安全教育是贯彻落实党的教育方针的需要

党的十九大报告指出："建设教育强国是中华民族伟大复兴的基础工程，必须把教育事业放在优先位置，加快教育现代化，办好人民满意的教育。要全面贯彻党的教育方针，落实立德树人根本任务，发展素质教育，推进教育公平，培养德智体美全面发展的社会主义建设者和接班人。"职业学校安全教育是素质教育的组成部分。正确的安全观念和基本的安全知识是社会主义建设者和接班人必备的基本素质，开展安全教育，确保学生生命和财产安全，是党和国家对于教育事业的基本要求，也是学校贯彻落实党的教育方针的基本体现。

（二）加强学校安全教育是维护国家安全和社会稳定的需要

统筹发展与安全，增强忧患意识，做到居安思危，是我们党治国理政的一个重大原则。2015 年 7 月 1 日第十二届全国人民代表大会常务委员会第十五次会议通过《中华人民共和国国家安全法》，确定每年 4 月 15 日为全民国家安全教育日，指出："国家加强国家安全新闻宣传和舆论引导，通过多种形式开展国家安全宣传教育活动，将国家安全教育纳入国民教育体系和公务员教育培训体系，增强全民国家安全意识。"十九大报告提出："国家安全是安邦定国的重要基石，维护国家安全是全国各族人民根本利益所在。要完善国家安全战略和国家安全政策，坚决维护国家政治安全，统筹推进各项安全工作。"当前，全球政治局面动荡，以美国为首的西方势力对我国从政治上、经济上进行打压，民族分裂势力、境外势力渗透，各种可预见和难以预见的风险因素明显增多，国内安全形势不容乐观。职业学校是为国家输送高层次技能人才的阵地，职业学校学生将是当今社会的中坚力量，是社会主义建设者和接班人。因此，在职业学校进行安全教育，树立和增强学生安全意识，使他们在政治上保持清醒的头脑，站稳立场，不受诱惑，是国家的需要，也是社会的需要。

（三）加强学校安全教育是职业学校学生健康成长的需要

人的行为受其世界观影响，职业学校学生由于年龄趋小，社会经验不足，在价值观形成和行为选择上容易受社会、经济、政治、思想文化的一些消极因素、负能量因素的影响，出现短视效应。又因为安全意识淡薄等原因，在人身安全和财产安全方面容易受到侵害。在改革开放发展变化的今天，每天都有数不清的事情发生。毛泽东同志说："你们青年人朝气蓬勃，正在兴旺时期，好像早晨八九点钟的太阳。希望寄托在你们身上。"作为职业学校的学生，不仅要明确自身学习任务，更要明确肩负的历史使命。因此，学校要通过安全教育创造一种良好的校园环境和文化氛围，使青年学生逐步理解安全教育的重要性，树立良好的安全意识和观念，自觉遵守规章制度，保护个人安全，成为建设国家的栋梁之才。

（四）加强学校安全教育是创建平安校园的需要

学校是神圣的殿堂，校园平安、有序、和谐是保证学生良好学习环境的先决条件。学校通过安全教育，正确引导职业学校学生提高安全思想修养、安全心理素质，养成安全规范行为的习惯，从而提高全社会公民的安全意识、观念、态度、行为。规范学校安全管理，加强学校的治安环境治理，使师生养成良好的行为习惯，消除安全隐患，创建平安校园，有利于创建安全和谐的校园环境。

(五)加强安全教育是提升学校治理能力的需要

学校治理是一项系统性、综合性的工作。职业学校的安全教育对每一位师生的思想和行为都有着强效的约束和规范作用。安全教育能督促学校领导树立安全责任意识，在制定管理制度时将安全问题放在十分重要的位置，通过制度化的建设，构建统一高效的保障体系，形成工作合力，进而提高学校治理水平。

(六)加强安全教育是促进校企合作的需要

职业学校与企业开展有效合作，其中就包括了安全教育内容。将职业健康与安全上岗实习及企业实践培训引入学校的安全教育之中，可以帮助学生进行企业实习，进而在走上工作岗位前学习和了解生产安全规则，具备职业健康与安全知识和技能，养成良好的安全生产习惯，减少职业病和安全事故的发生，对学生、学校、企业和社会都是一件非常有意义的事情，有利于校企合作更加顺利有效地开展。

三、职业学校安全教育的重要性

(一)学生安全教育是提高办学质量的基础

国务院原副总理李岚清指出：“素质教育从本质来说，就是以提高国民素质为目标的教育。”就职业学校安全教育来说，其实质是从学校治安综合治理的角度为学生的健康成长和全面成才创造良好的校园环境和文化氛围，增强学生国家安全意识，提高学生遵纪守法观念等素质。

学生素质的优劣，很大程度上体现职业学校办学质量。如果能从各个方面通过各种途径和方法使学生的个人素质和整体素质得到全面提高，我们就可以称这所学校办学质量好。而安全教育是“素质教育”中不可缺少的一部分，是不容人们忽视的。为了全面提高学生的素质，必须从如下两方面加强对学生的安全教育：

(1)安全知识教育。学生安全教育的推进以必要的文化知识为基础，安全教育知识也可以看作是文化知识的一个重要组成部分；同时，安全教育又与法律不可分割。学生都要学习法律基础理论课程。

(2)安全思想教育。学生的安全教育是在学校党委的领导下，运用思想的、法律的、行政的以及其他的方法，稳定校园的社会治安，预防学生违法犯罪行为而产生的教育。加强学生的思想政治教育、提高他们的思想政治素质是学生国家安全教育的重要方面。

（二）学生安全教育是“育人”工作的保障

教书育人、社会服务、技能文化传承是职业学校肩负的三大功能。2018 年在全国教育大会上，习近平总书记指出：“要把立德树人融入思想道德教育、文化知识教育、社会实践教育各环节，贯穿基础教育、职业教育、高等教育各领域……教师要围绕这个目标来教，学生要围绕这个目标来学。凡是不利于实现这个目标的做法都要坚决改过来。”如果说“教书”侧重于知识的传授和技能的掌握，那么，“育人”则更多地体现了学校的政治责任感和历史使命。在学校，学生一方面需要自我约束，遵守宪法和法律，提高素质，另一方面其学习和生活又要有必要的外部条件和稳定的治安秩序给予保障。因此，职业学校安全教育不仅是学校“育人”教育的重要组成部分，也是学校“育人”工作得以顺利进行的重要保障。

第二节　职业学校学生安全教育的主要途径和措施

案例

> 2015 年 5 月 5 日晚 9 点多，某职业学校的佩佩和同学一起外出吃夜宵喝酒，喝醉的佩佩在两名同学的协助下，被王某带至学校附近的酒店。随后在酒店 402 房间内，王某对佩佩实施了性侵。第二天早上 6 点多，王某发现一直叫不醒佩佩，赶紧叫来一起喝酒的同学，拨打了“120”，救护人员赶到时发现，佩佩已经死去好几个小时了。接到急救人员报警后，某派出所的办案人员前往酒店调查，并将王某逮捕拘留，以强奸罪立案。

开展学生安全教育是实施依法治校、依法治国的需要。在实施学生安全教育中，不仅仅要培养学生的安全知识和技能、提高安全防范意识，同时，更需要培养学生的安全责任观，让他们认识到自己的不当行为会对家庭、对学校、对社会产生负面影响。学生是学校的主体，是国家的未来建设者，要实现依法治国、依法治校，必须从学生安全教育入手。

一、学生安全教育的原则

学生的安全教育应遵循以下四个原则。

(一)以人为本原则

学校在学生安全教育过程中，要以习近平新时代中国特色社会主义思想为指导，遵循以人为本的原则，采取多种措施，切实开展安全教育，普及安全知识，提高学生的安全意识和自我防范能力。

(二)预防为主原则

增强安全防范意识，掌握避险常识，提高应对突发事件能力，减少校园安全事故的发生。预防在先，让学生明白安全事故预防的重要性，防患于未然。

(三)明确责任原则

学校重视安全教育，应将学生的安全教育责任层层落实，把安全教育工作落到实处，积极组织学生开展安全教育教学活动，普及安全知识，增强学生们的安全意识。

(四)实事求是原则

运用学生能够接受的方式开展安全教育工作，积极开展消防演练、防爆演练等贴近实际生活的安全教育活动，对于学生中存在的安全隐患要及时消除，对于特别严重的安全事故，对责任人要进行严厉的批评教育，实事求是地妥善处理。

二、学生安全教育的基本要求

学生的安全教育必须依靠学校的辅助来完成，由学校进行理论知识的辅导和案例分析，让学生充分了解安全教育的内容。学校必须健全安全防范管理的规章制度。

学生安全教育的基本要求如下：

(1)树立良好的世界观、人生观、价值观。

(2)学法守法，依法保护自己的合法权益。

(3)注意自己的人身安全和财产安全。

(4)在平时的学习生活中，遵守学校的规章制度，规范自己；在公共场合遵守社会公德，做一名合格的学生。

三、多措并举强化学生安全教育

加强学生安全教育，既是时代的呼唤，也是素质教育发展的必然要求。为此，我们应采取以下几种措施。

(一)全员、全面、全过程进行安全教育

目前，学生安全教育还处于宣传教育阶段，远未达到有计划、有目标、规范化教育的层次，但安全教育绝不是可有可无、可做可不做的事情。学校要采取切实有效的措施，加大教育力度，实现全员、全面、全过程教育。全员教育即学校各级要加强教职工安全知识培训，组织广大教职工系统地学习、掌握安全知识。只有教职工具备了安全知识，才能有效地对学生进行安全教育。

(二)突出重点，点面结合，以点带面

加强学生安全教育，既要全面展开，又要有重点地进行，做到点面结合，以点带面。

1. 抓重点人的安全教育

如对经常违反校纪校规的学生，要进行重点教育，防止因严重违反校纪校规造成安全事故。要做好这项工作，不能满足于形式更不能只往下灌输，要讲效果，要能打动人心，让受教育者内心接受，做到入耳、入脑、入心。

2. 抓重点场所的安全教育

如对防火、防爆有一定要求的实验室，要教育学生严格遵守实验操作规程，防止意外事故发生。又如在人群集中的活动场所，应教育学生注意文明礼貌，服从指挥，并注重观察场所周围的环境和安全通道，避免发生安全事故。

3. 抓重点时期的安全教育

重点时期是指易发生安全事故的特殊时期。在学校应重点抓好以下几个时期的安全教育。

(1)要加强新生入学时的安全教育。新生刚跨入大学校门时，由于对校园及周边环境情况不熟悉，缺乏安全防范知识，不懂得如何自我保护，最容易发生各类安全事故。因此，切实加强新生入学安全教育，增强新生的自我防范意识，对于他们以后的学校生活，乃至以后的人生道路都会产生深远的影响。

(2)要加强节假日期间的安全教育。节假日期间学生思想容易放松，易发生财物被盗、火灾、食物中毒、溺水、车祸等事故。因而在此期间特别要强调安全问题，防止各类事故发生。

案例

> 2020年6月21日下午3时，重庆市潼南区米心镇童家村涪江河坝水域发现有人落水，当地政府立即组织力量进行搜救。初步调查，失踪人员均为居住在附近的米心镇学生，周末放假自发相约，到童家村涪江河一宽阔的河滩处玩耍，玩耍期间有一名学生不慎失足落水，旁边7名学生前去施救，造成施救学生一并落水。最终导致8名学生全部溺亡的惨痛教训。

(3)要加强学生外出实习、参加社会实践和毕业生离校之前的安全教育。由于学生外出实习、参加社会实践以及毕业生外出找工作，脱离了学校管理人员的视线，如果缺乏安全意识和自我保护能力，遇事考虑不周，也易发生各类事件。

因此，学校应切实加强重点时期的安全教育，防止各类事件的发生。

(三)加强自我安全教育和自我安全管理

通过加强自我安全教育和自我安全管理，使学生真正成为校园治安和校园安全管理的主体，积极行动起来，从我做起，从身边做起，讲安全、讲文明、守纪律、懂法律。

(1)由治保部的学生干部开展必要的校园治安综合治理的巡逻检查活动和宿舍安全管理活动。通过校园巡逻检查和宿舍的安全检查，及时发现和解决存在的问题，增强安全意识，提高自我防范能力。例如，成立宿舍管理委员会，设立学生宿舍安全文明监督岗，制定学生治保委员月汇报制度等，这些都有利于第一时间发现问题、解决问题。

(2)经常性地进行个人自查。重点检查个人贵重物品的保管、使用，特别注意人身安全的检查，检查自己是否遵守了学校各项制度，是否外出深夜归来或不归，是否违反规定在校园内喝酒，是否参与了打架斗殴，宿舍内是否收藏了管制刀具和酒瓶等。

(3)组织学生积极参加各种安全预案的演练，如消防演练、紧急疏散演练、食物中毒演练等。

第三节　职业学校学生安全意识的培养

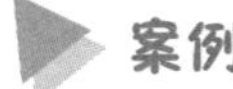

案例

> 2016年4月，广东省国家安全机关组织实施“南粤行动”，侦破了一批危害国家安全的间谍案件，对多名犯罪嫌疑人依法追究刑事责任。从侦破案件看，被境外间谍情报机关通过网络渗透策反的涉世未深年轻人居多，甚至不乏在校学生。境外间谍情报机关人员，以军事爱好者、招聘猎头、美女等身份，广泛活跃于各类论坛、社交、求职等网站，以提供丰厚报酬的“兼职”“约稿”为诱惑，一步步将网民发展成为“情报员”。境外间谍情报机关的网上渗透、策反、窃密活动已给中国国家安全和军事利益安全造成了严重危害。

随着社会的发展，当代学生在学习、生活和社会工作中面临着更为复杂的安全形势和诸多的安全隐患。目前，学生的安全意识及应急反应能力并不能与时代要求相匹配，在各方面还存在不足。由于各种各样的原因，意外伤害事故频发，危害学生人身安全和财产安全。因此，针对学生进行安全教育符合时代需求，并应该贯穿于整个学生时代。学生的安全教育要明确对象，以实用的安全知识和技能为主体内容，增强学生的安全意识，养成良好的安全习惯，切实提高学生应对突发事件的能力。

一、学生应具有的安全意识

安全意识，就是人们头脑中建立起来的生产必须安全的观念，也就是人们在生产活动中对各种各样有可能对自己或他人造成伤害的外在环境条件的一种戒备和警觉的心理状态。

（一）维护国家安全的公民意识

国家安全是国家的基本利益，是一个国家处于没有危险的客观状态，也就是国家没有外部的威胁和侵害，也没有内部的混乱和疾患的客观状态。我们要自觉维护祖国利益：每一个中国人都把国家的安全、荣誉和利益放在高于一切的地位，与祖国同呼吸共命运。当祖国的领土和主权受到外来侵略时，自觉地担负保卫祖国的神圣职责；当国家的利益受到损害时，同一切损害国家利益的行为做斗争；当个人利益与国家利益发生矛盾时，个人利益应服从国家利益。作为当代学生应树立维护国家安全的意识，成为国家安全的坚决维护者。图1－2提醒学生们要建立安全意识。

图1－2　建立安全意识

（二）“安全第一”意识

“安全第一”是做好一切学习、工作的基础，是落实“以人为本”的根本措施。坚持安全第一，就是对国家负责，对家人负责，对人的生命负责。在平时的生活中一定要树立安全第一的意识，人的生命只有一次，不可重来。

（三）“预防为主”意识

“预防为主”是实现安全第一的前提条件，也是重要的手段和方法。“隐患险于明火，防范胜于救灾”，虽然人类还不可能完全杜绝事故的发生，实现绝对安全，但是只要积极探索规律，采取有效的事前预防和控制措施，做到防患于未然，将事故消灭在萌芽状态，很多安全事故是可以大大减少甚至是可以避免的。所以要树立“预防为主”的意识。

（四）遵守法律法规意识

随着我国公民法律意识和法治观念的进一步提高，当代职业学校学生应该在学校遵守学校的规章制度，在外遵守国家的法律规定，不做违法乱纪的事情，自觉树立法律法规意识，自觉遵章守纪。

（五）自我保护意识

安全是自己的，也是大家的。有时往往因为自己的失误伤害自己、伤害他人，甚至给国家造成不可估量的损失，危及社会的稳定。所以无论何时，都要树立自我保护的意识，学习自我保护的技能，这样在遇到危险时受到伤害的程度会大大降低。图 1－3 提醒学生们要加强自我保护意识。

图 1－3 加强自我保护意识

（六）群体意识

一定要树立良好的群体意识，相互帮助，相互保护，相互协作，密切配合，这是保障安全的重要条件。例如在高速公路堵塞时，没有群体意识，任何个人都无法实现单个车辆行走的可能性。

（七）面对挫折积极向上的意识

人的一生遇到的所有事情不可能都是顺利的，当我们遇到困难时应该以乐观的心态去面对，勇敢地去解决，这是一个当代职业学校学生应具备的良好心理。以乐观的心态对待生活，你会收获许多惊喜。

二、学生安全意识的培养

学校在安全防范教育和管理方面要遵循以人为本的原则，采取多种措施，切实开展安全教育，普及安全知识，提高学生的安全意识和自我防范能力。

（一）学习并积累安全知识

牢记基本的安全知识，并做出准确判断。在安全教育课堂上专心听老师传授的安全知识，多看新闻案例，吸取教训并运用到实际的生活中去。

（二）学会保护自己

在学校生活中要善于观察和发现问题，树立自我保护意识，这样在危险来临时不至于手忙脚乱。遇人遇事要保持高度警惕，不要轻易相信陌生人，遇到问题要果断冷静地处理。图 1－4 提醒学生要防范校园暴力。

图 1－4　防范校园暴力

（三）遵纪守法

在校遵守学校的规章制度，在外遵守国家的法律法规，和一切违法乱纪的事情说再见。作为一名学生，我们自己要主动地去学习有关法律方面的知识，更要学会运用法律维护自己的合法权益，不可以做“法盲”。

第二章

新型冠状病毒肺炎防控

第一节　新型冠状病毒基础知识

一、新型冠状病毒肺炎的概念

新型冠状病毒肺炎简称“新冠肺炎”，是由新型冠状病毒（结构如图 2－1）感染导致的肺炎，世界卫生组织命名为 2019－nCoV，n 代表 novel，“新的”的意思，CoV 是冠状病毒的意思。

冠状病毒对紫外线和热敏感，56℃30 分钟、乙醚、75%乙醇、含氯消毒剂、过氧乙酸和氯仿等脂溶剂均有效灭活病毒，氯己定不能有效灭活病毒。

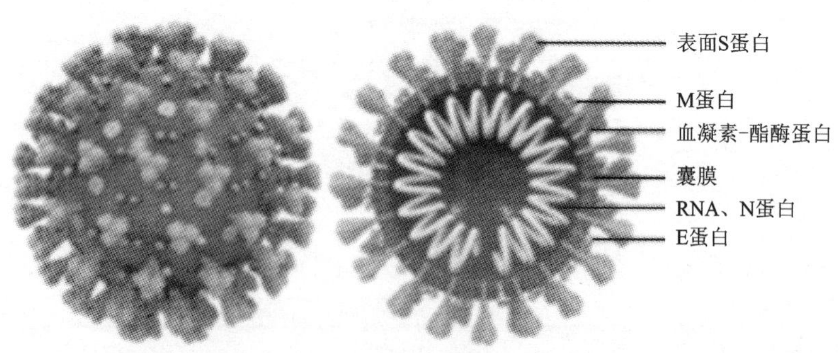

图 2－1　新型冠状病毒的超微结构图

二、新型冠状病毒的传染源

传染源是指体内有病原体生存、繁殖并且能排出病原体的人和动物。传染源包括患者、隐性感染者(无症状感染者)、病原携带者以及感染的动物。目前新型冠状病毒肺炎所见的传染源主要是新型冠状病毒感染的患者和无症状感染者，在潜伏期即有传染性，发病后5天内传染性较强。

三、新型冠状病毒的传播途径

传播途径是指病原体从传染源排出体外，经过一定的传播方式，到达与侵入新的易感者的过程。新型冠状病毒肺炎是呼吸系统传染病，呼吸道和眼结膜是病毒的主要入侵途径。目前确定新型冠状病毒的传播方式有：

(1)飞沫传播：通过咳嗽、打喷嚏、说话等产生的飞沫进入易感者黏膜表面。

(2)接触传播：在接触病原体污染的物品后触碰自己的口、鼻或眼睛等部位导致病毒传播。

(3)在相对封闭的环境中长时间暴露于高浓度气溶胶情况下存在经气溶胶传播的可能，如医疗场所。

四、新型冠状病毒的人群易感性

易感人群是指对某种传染病缺乏特异性免疫力的人群，对该传染病病原体均具有易感性。由于新型冠状病毒是新现病原，人群普遍没有特异性免疫力，因而有极高的人群易感性。流行病学资料显示人群普遍易感，老年人及有基础疾病者感染后病情较重。

五、新型冠状病毒肺炎的潜伏期

传染病潜伏期是指人体在感染以后到出现症状的时间。潜伏期是对密切接触者确定进行医学观察和隔离检疫时长的最重要依据。

新型冠状病毒肺炎的潜伏期为1～14天，多为3～7天。据此将新型冠状病毒肺炎密切接触者医学观察期定为14天(图2－2)。

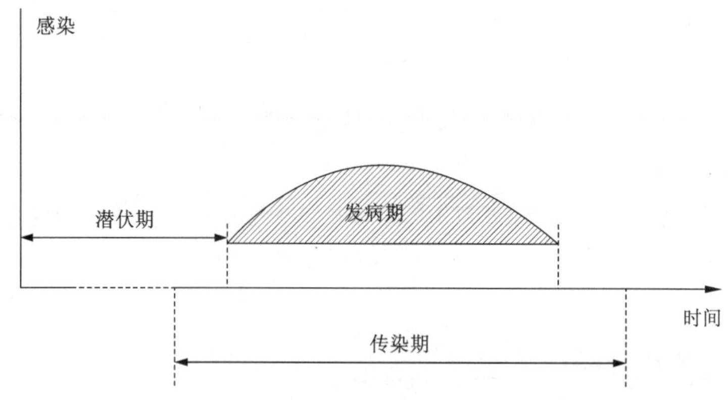

图 2－2　新型冠状病毒感染经过示意图

潜伏期为 1～14 天，潜伏期和恢复期也可有传染性

六、新型冠状病毒可疑暴露者与密切接触者

新型冠状病毒可疑暴露者（简称可疑暴露者）是指暴露于新型冠状病毒检测呈阳性的野生动物、物品和环境，且暴露时未采取有效防护的加工、售卖、搬运、配送或管理等人员。依据《新型冠状病毒肺炎防控方案（第五版）》，新型冠状病毒密切接触者（简称密切接触者）是指从疑似病例和确诊病例症状出现前 2 天开始，或无症状感染者标本采样前 2 天开始，未采取有效防护与其有近距离接触（1 米内）的人员，具体接触情形如下：

（1）共同居住、学习、工作，或其他有密切接触的人员，如近距离工作或共用同一教室或在同一所房屋中生活。

（2）诊疗、护理、探视病例的医护人员、家属或其他有类似近距离接触的人员，如到密闭环境中探视病人或停留，同病室的其他患者及其陪护人员。

（3）乘坐同一交通工具并有近距离接触人员，包括在交通工具上照料护理人员、同行人员（家人、同事、朋友等）或经调查评估后发现有可能近距离接触病例和无症状感染者的其他乘客及乘务人员（不同交通工具密切接触判定方法详见附录 1）。

（4）现场调查人员调查后经评估认为其他符合密切接触者判定标准的人员。

附录1

交通工具密切接触者判定指引

1. 飞机

(1)一般情况下，民用航空器舱内病例座位的同排左右三个座位和前后各三排座位的全部旅客以及在上述区域内提供客舱服务的乘务人员作为密切接触者。其他同航班乘客作为一般接触者。

(2)乘坐未配备高效微粒过滤装置的民用航空器的舱内所有人员。

(3)其他已知与病例有密切接触的人员。

2. 铁路旅客列车

(1)乘坐全封闭空调列车，病例所在硬座、硬卧车厢或软卧同包厢的全部乘客和乘务人员。

(2)乘坐非全封闭的普通列车，病例同间软卧包厢内，或同节硬座(硬卧)车厢内同格及前后邻格的旅客，以及为该区域服务的乘务人员。

(3)其他已知与病例有密切接触的人员。

3. 汽车

(1)乘坐全密封空调客车时，与病例同乘一辆汽车的所有人员。

(2)乘坐通风的普通客车时，与病例同车前后三排座位的乘客和驾乘人员。

(3)其他已知与病例有密切接触的人员。

4. 轮船

(1)与病例同一舱室内的全部人员和为该舱室提供服务的乘务人员。

(2)如与病例接触期间，病人有高热、打喷嚏、咳嗽、呕吐等剧烈症状，不论时间长短，均应作为密切接触者。

七、新型冠状病毒无症状感染者

新型冠状病毒无症状感染者是指无临床症状，呼吸道等标本新型冠状病毒病原学检测呈阳性者，主要通过聚集性疫情调查和传染源追踪调查等途径发现。无症状感染者隐蔽性强，是重要的传染源之一，给疫情防控带来极大的困难。

八、新型冠状病毒与超级传播者

超级传播者是一个流行病学专业术语，一般是指具有较强传染性的感染者。与普通感染者相比，超级传播者传播的速度更快、范围更广，可在短期内造成数十人甚至上百人感染。超级传播者的出现与群体的免疫状态、病毒载量、病毒毒力、患者有无基础疾病、有无合并感染以及接触者的防护措施等有关。新型冠状病毒是否有超级传播者，尚无系统的流行病学证据。2020 年 2 月 12 日有报道一名英国人在新加坡感染后又去了法国和英国，传染了至少 11 个人。

九、新型冠状病毒在空气、衣物、水体环境中的存活期

新型冠状病毒在人体外的存活与多种因素有关。新型冠状病毒可以在飞沫中存活，但不能单独在空气中长期存在。新型冠状病毒在干燥阴冷环境可存活约 48 小时，环境温度越高病毒存活时间越短，常温空气中约 2 小时毒力即显著减低(图 2－3)。

环境条件	温度	存活时间
空气	20℃	2小时~2天
木片	24℃	4~6小时
污水	20℃	2天
紫外线	—	<60分钟
高温56℃	—	<30分钟
75%乙醇	—	<2分钟
0.05%次氯酸钠	—	<2分钟

图 2－3　新型冠状病毒在不同环境中的大致存活时间

目前科学家对新型冠状病毒的了解还相对有限，对其理化特性的认识多来自对它的“亲戚”SARS－CoV 和 MERS－CoV 的研究。SARS－CoV 在模拟污染的土壤、滤纸片、棉布片上可存活 4～6 小时，而在模拟污染的光滑玻璃片、不锈钢片和塑料片上至少可以存活 2 天，在污染的自来水中 2 天后仍能保持较强的感染性。

第二节　新型冠状病毒师生防护指引

新型冠状病毒是一种新发传染病病毒，在疾病疫情防控期，学校师生应从以下七个方面做好防护：

1. 戴口罩

师生外出前往公共场所（包括教室、会议室、办公室、健身房、食堂、图书馆等）、就医（除发热门诊）和乘坐公共交通工具时，应正确佩戴口罩（口罩的选择和正确佩戴、脱摘的方法详见附录2）。

2. 勤洗手

师生外出归来、饭前便后、咳嗽、打喷嚏时用手捂口鼻后、接触污物后等，都应及时洗手。应使用流动水和肥皂或洗手液，采用“七步洗手法”洗手（正确的洗手方法详见附录3）。

3. 勤消毒、勤通风

使用卫生（疾控）部门认可有效的消毒剂进行合理消毒。

4. 避免人群聚集

师生应尽量避免外出校外活动；避免去人流密集的场所；避免到封闭、空气不流通的公共场所和人多聚集的地方。

5. 生活规律

师生应养成健康的生活方式，合理膳食，不暴饮暴食，不吸烟，不喝酒或少喝酒，不酗酒。劳逸结合，不熬夜，生活有规律。适当锻炼，保持休息与运动平衡。

6. 快递尽量选择无接触配送

如必须与快递员接触，应佩戴好口罩，取件途中避免人员聚集及面对面。去除快递的外部包装后应该立即洗手，然后再去拿里面的包装。对快递的内部物品包装要用消毒湿巾、酒精棉等擦拭消毒，打开物品内部包装袋时也要注意手卫生；所有包装应按照生活垃圾分类要求妥善处理。

7. 及时报告

去疾病流行地区必须报告，批准后方可执行，接触确诊者或密切接触者必须报告。

附录 2

口罩类型选择、正确佩戴和脱摘口罩的方法

根据国家卫生健康委员会发布的《不同人群预防新型冠状病毒感染口罩选择与使用技术指引》，高等学校师生在新型冠状病毒疫情防控期间，要按照防疫工作性质与风险等级，选择合适的口罩类型，不过度防护。

(1)口罩类型(图 2－4)：有医用防护口罩(GB19083)、颗粒物防护口罩(GB19083，N95/KN95 及以上标准)、医用外科口罩(YY0469)、一次性使用医用口罩(YY/T0969)、普通口罩如棉纱、活性炭和海绵等类型。

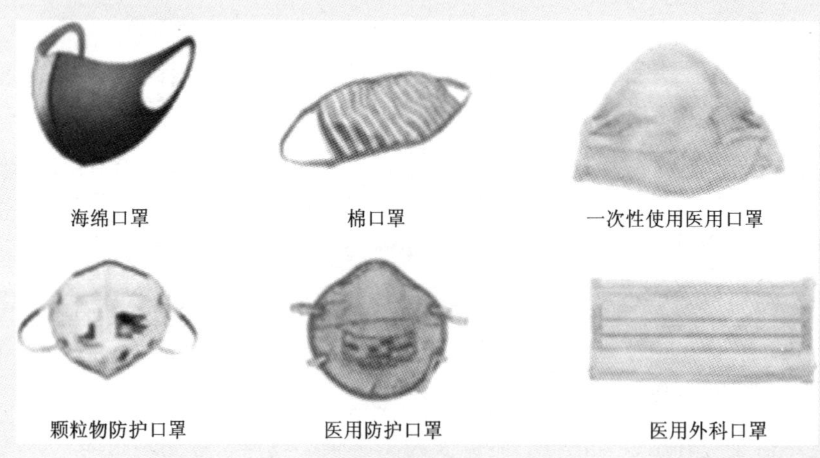

图 2－4　各种常用类型口罩

(2)口罩选择的方法：①人员密集场所的工作人员、居家隔离及与其共同生活人员属于中等风险暴露人员，建议佩戴医用外科口罩。②超市、商场、交通工具、电梯等人员密集区的公众和集中学习、活动的在校学生属于较低风险暴露人员，建议佩戴一次性使用医用口罩。③宿舍内、户外空旷场所、通风良好工作场所工作者属于低风险暴露人员，可不佩戴口罩，或视情况佩戴非医用口罩，如棉纱、活性炭和海绵等口罩，具有一定防护效果，也有降低咳嗽、喷嚏和说话等产生的飞沫播散的作用。④学校师生不建议使用带呼吸阀的口罩类型。

(3)佩戴口罩的方法：口罩佩戴前严格按照“七步洗手法”先洗手，擦干双手后再佩戴，避免弄湿口罩。佩戴的方法是将蓝色的防水面朝外，有金属片的一面向上，系带式口罩上系带系于头顶中部，下系带系于颈后，挂耳式口罩把系带挂于两耳部即可。口罩应完全覆盖口鼻和下巴，用两手食指将口罩上的金属片沿鼻梁两侧按紧，使口罩紧贴面部，要进行密合性检查，将双手完全覆盖防护口罩，快速呼气，如鼻夹附近有漏气应调整鼻夹至不漏气为止。注意佩戴过程中避免手触碰到口罩内面。佩戴口罩时，注意不可内外面戴反，更不能两面轮流戴。医用外科口罩佩戴方法如图2－5所示。

检查口罩有效期及外包装

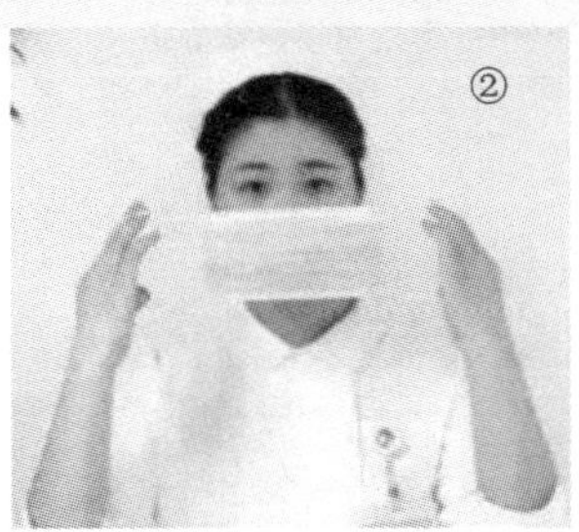

鼻夹侧朝上，一般深色面朝外或褶皱朝下

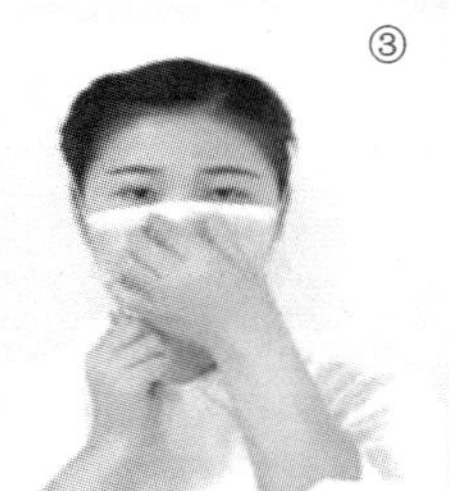

上下拉开褶皱，使口罩覆盖口、鼻、下颌

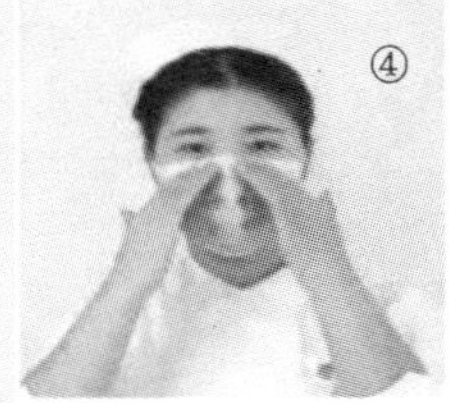

双手指尖向内触压鼻夹，逐渐向外移

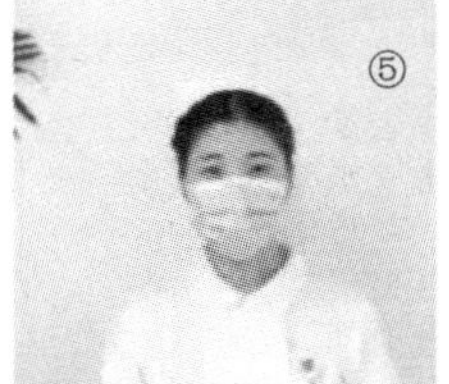

适当调整面罩，使周边充分贴合面部

口罩污染时或使用超过4小时后更换

手拎系带，弃于医疗(黄色)垃圾桶

图2－5　医用外科口罩佩戴方法图示

(图片来源于北京中日友好医院)

(4)脱摘口罩的方法：使用中尽量避免触摸口罩，不可将口罩取下悬挂于颈前或放于口袋内再使用，绝对不能用手去压挤口罩，这样会使病原体向口罩内层渗透，人为增加感染病原体的概率。脱摘口罩时不要接触口罩外面(污染面)，系带式口罩先解开下面的系带，再解开上面的系带；挂耳式口罩把两侧系带同时取下。用手指捏住口罩的系带丢至垃圾桶或医疗废物容器内。脱摘口罩的过程可能会污染双手，脱摘后应立即用肥皂洗手或用乙醇擦手。

附录3

正确洗手的方法

(1)七步洗手法：具体参见图2－6。

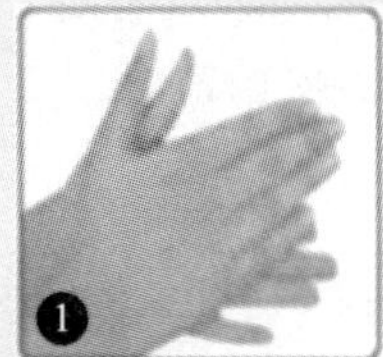

掌心搓掌心

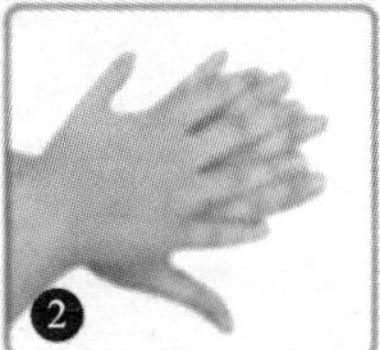

手指交错，掌心搓手背，两手互换

手指交错，掌心搓掌心

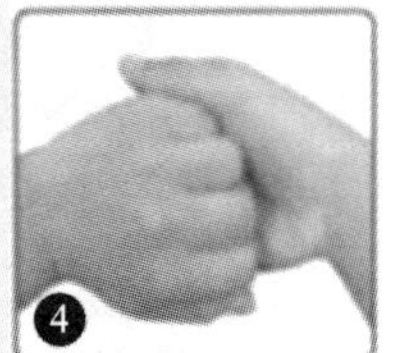

两手互握，互擦指背

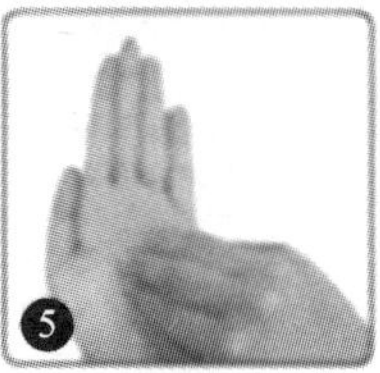

指尖摩擦掌心，两手互换

拇指在掌中转动，两手互换

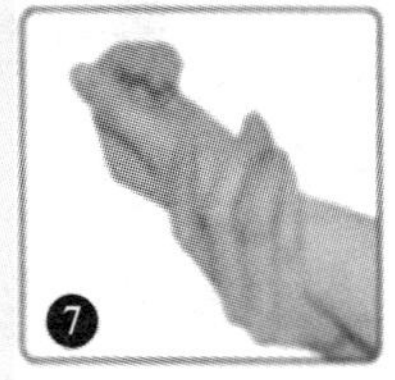

一手旋转揉搓另一手腕部、前臂，直至肘部，交错进行

请注意：
1. 每步至少来回洗五次；
2. 尽可能使用专业的洗手液；
3. 洗手时应稍加用力；
4. 使用流动的清洁水；
5. 使用一次性纸巾或已消毒的毛巾擦手。

图2－6　七步洗手法

洗手口诀“内外夹攻大力丸(腕)”分别指：掌心、手背、手指交叉、弯曲手指、指尖、大拇指及手腕

(2)及时洗手：新型冠状病毒疫情防控期，为了避免经手传播，应注意洗手，洗手频率根据具体情况而定。以下情况应及时洗手：外出归来，戴口罩前及摘口罩后，接触过泪液、鼻涕、痰液和唾液后，咳嗽、打喷嚏用手遮挡后，护理患者后，准备食物前，用餐前，上厕所后，接触公共设施或物品后(如扶手、门把手、电梯按钮、钱币、快递等物品)，抱孩子、喂孩子食物前，处理婴儿粪便后，接触动物或处理动物粪便后。

(3)不方便洗手时的处理：可选用有效的含乙醇速干手消毒剂进行手部清洁，特殊条件下，也可使用含氯或过氧化氢手消毒剂。使用时用量要足够，要让手心、手背、指缝、手腕等处充分湿润，两手相互摩擦足够长的时间，要等消毒液差不多蒸发之后再停止。但是，对公众而言，不建议以免洗手消毒剂作为常规的手部清洁手段，只是在户外等没有条件用水和肥皂洗手的时候使用。

(4)洗手相关注意事项：要用流动的清水洗手。如果没有自来水，可用水盆、水舀、水壶等器具盛水，把水倒出来，形成流动水来冲洗双手；用肥皂或者洗手液，充分揉搓，保证洗手效果；肥皂泡要用清水彻底冲干净；捧起一些水，冲淋水龙头后，再关闭水龙头(如果是感应式水龙头，不用作此步骤)；洗手后要用干净的毛巾或者一次性纸巾擦干，也可用吹干机吹干。

第三节 新型冠状病毒肺炎诊疗知识与心理健康指导

一、新型冠状病毒肺炎就医指引

出现可疑症状，包括发热、干咳、咽痛、呼吸困难、乏力、恶心、呕吐、腹泻、头痛、心慌、结膜炎、四肢或腰背部肌肉酸痛等，应立即向学校报告，并在校医院指导和协助下按规定送定点医疗机构诊治。

前往就近定点医院的发热门诊就诊，尽量选择开车、骑车、步行等相对独立的交通方式，避免搭乘公共交通工具。路上打开车窗，时刻佩戴口罩并随时保持手卫生。在路上和医院时，尽可能远离其他人(1 米以上)；若路途中污染了交通工具，建议使用含氯消毒剂或过氧乙酸消毒剂，对所有被呼吸道分泌物或体液污染的表面进行消毒。

就医时，应如实详细讲述患病情况和就医过程，尤其是必须告知医生近期旅行和居住史、新型冠状病毒肺炎患者或疑似病例的接触史、动物接触史以及发病后接触过什么人等，积极配合医生进行各项调查与检查。

二、隔离治疗期间维护心理健康的方法

在隔离期间，可通过以下方法来调节自己的情绪。

（一）主动调整自己的心理预期

所谓“病来如山倒，病去如抽丝”，要充分认识到新型冠状病毒肺炎的病程发展规律和治疗的周期性，充分理解病毒的灭杀是一项艰巨的工程和一个渐进的过程。

（二）关注当下

隔离治疗期间，我们不可避免地会对未来感到担心和恐惧，产生人生中只有这件事的错觉。当这种担心过于强烈时，试着将注意力从未来拉回到当下，将此刻我们能做的事情列一个清单，例如读完一本一直想看的书，玩一个轻松的游戏，在身体允许的情况下整理和布置房间，通过现实生活的琐碎和充实，放下焦虑，重拾对生活的掌控感。

（三）有意识地筛选信息

减少阅读过度情绪暴露和唤起的文章，控制自己的情绪性消耗。若信息过载、情绪难以消化，应减少手机的使用和信息的摄入。

（四）保持人际联系，激发内在力量

虽然接受隔离治疗，与外界联系受限，但可通过电话、微信与亲友保持联系，亲友的支持有利于增强战胜疾病的信心。

（五）自助身心调理

被隔离期间活动范围减小、情绪压力变大，可以开展一些对场地要求较小的运动，也可以通过网络学习一些简单的放松动作，如腹式呼吸、正念冥想等来进行自我放松，平复内心的焦躁不安。

三、疫情防控期常用的心理疏导指引

可以使用一些有效的心理疏导方法来缓解身体和情绪的紧张，以下介绍四种常用且简单易学的心理疏导方法。

（一）积极联想法

主动进入冥想状态，去联想一些积极的、使人放松的场景，有利于改善我们的心态。每天可以进行 1 ~ 2 次积极联想，每次 10 ~ 15 分钟。我们可以回忆自己生活中欢乐美好的时光，想象宁静、美丽的风景，如森林、溪流等生机勃勃的场景，将这些积极的内容和自己联系在一起，认识到未来仍然饱含着希望，仿佛自己的身心被逐渐洗刷，驱散内心的阴影，

让内心充满阳光。

（二）放松训练

放松练习实际上是全身肌肉逐渐紧张和放松的过程，依次对手、上肢、头、下肢、双脚等各组群进行先紧张后放松的练习，最后达到全身放松的目的，学会如何保持松弛的感觉。

首先，放松双臂。先进行 1～2 次深呼吸，深吸一口气后保持一会儿，再慢慢地把气呼出来。然后，伸出前臂，用力握紧拳头，体会双手的感觉；再尽力放松双手，体验轻松、温暖的感觉，重复一次。接着，弯曲双臂，用力绷紧双臂的肌肉，感受双臂肌肉紧张的感觉，再彻底放松，体验放松后的感觉，重复一次。

其次，放松双脚。用力绷紧脚趾并保持一会儿，再彻底放松双脚，重复一次；放松小腿部肌肉：将脚尖用力向上跷，脚跟向下、向后紧压，绷紧小腿部肌肉，保持一会儿，再彻底放松，重复一次；放松大腿肌肉：用脚跟向前、向下紧压，绷紧大腿肌肉，保持一会儿，再彻底放松，重复一次。

最后，放松头部。皱紧额部肌肉，保持 10 秒左右，再彻底放松 5 秒。用力紧闭双眼保持 10 秒后，再彻底放松 5 秒。逆时针转动眼球，加快速度，再顺时针转动，加快速度，最后停下来彻底放松 10 秒。咬紧牙齿保持 10 秒，再彻底放松 5 秒。让舌头使劲儿顶住上腭，保持 10 秒后彻底放松。用力将头向后压，停 10 秒后再放松 5 秒。收紧下巴，用颈部向内收紧，保持 10 秒后彻底放松。重复一次头部放松。

（三）正念行走

即便在家中较小的空间里行走，也要调动感官来体验周围的环境：调动双眼观察家里的摆设，如绿植；听听窗外的风声和鸟鸣；静静地聆听自己的呼吸，用心感受每一步踏在地上的感觉。充分调动感官知觉，建立起自己与周围事物的情感联结，可以帮助我们将注意力拉回当下，享受此刻的生活。

（四）书写感恩——成长日记

当我们感觉到自己的渺小、无力时，可试着通过写日记的方式，回忆一下自己克服困难、应对压力的成功经历，提高应对焦虑和压力的自信，重拾对生活的掌控感。同时，对身边美好的人和事心怀感恩，感恩医护人员的付出、感恩家人的保护、感恩自己的坚强，可以帮助我们用积极的想法和情绪填满内心，让焦虑、恐慌无法进来。

第三章

国家与社会安全

第一节　国家安全

案例

乌鲁木齐“7·5”事件

2009年7月5日，境内外“东突”势力里应外合，组织策划实施了震惊中外的乌鲁木齐市打砸抢烧严重暴力犯罪事件，数千名恐怖分子在市区多处同时行动，疯狂杀害群众，袭击政府机关、公安武警、居民住所、商店、公共交通设施等，共造成197人死亡、1700多人受伤、331个店铺和1325辆汽车被砸烧，众多市政公共设施损毁。乌鲁木齐“7·5”事件有着深刻的政治背景，在分裂主义的影响下，新疆恐怖主义势力、极端主义势力大肆实施破坏活动，给新疆社会稳定带来极大危害，给各族人民造成极大伤痛。据不完全统计，自1990年至2016年底，“三股势力”在新疆等地共制造了数千起暴力恐怖案（事）件，造成大量无辜群众被害，数百名公安民警殉职，财产损失无法估算。

习近平总书记说过：“国泰民安是人民群众最基本、最普遍的愿望。实现中华民族伟大复兴的中国梦，保证人民安居乐业，国家安全是头等大事。”国家安全是每一位公民生存、荣辱的根本保障，是民族和国家生存发展的基本条件。任何一个主权国家，都把国家安全置于生死存亡的重要地位。

一、总体国家安全观的基本内涵

(一)总体国家安全观的要素和关系

2014 年 4 月 15 日，在中央国家安全委员会第一次会议上，习近平总书记首次正式提出“总体国家安全观”，指出：“我们党要巩固执政地位，要团结带领人民坚持和发展中国特色社会主义，保证国家安全是头等大事。”总体国家安全观的内涵和外延归结为五大要素和五对关系，见图 3－1。

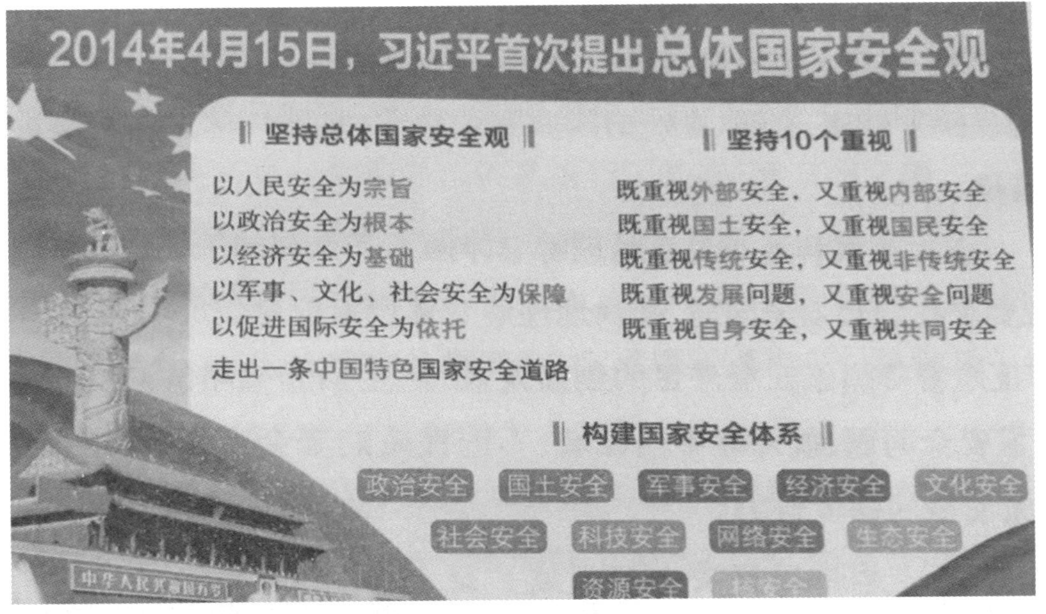

图 3－1 总体国家安全观图解

五大要素：以人民安全为宗旨，以政治安全为根本，以经济安全为基础，以军事、文化、社会安全为保障，以促进国际安全为依托，走出一条中国特色国家安全道路。

五对关系：既重视外部安全，又重视内部安全；既重视国土安全，又重视国民安全；既重视传统安全，又重视非传统安全；既重视发展问题，又重视安全问题；既重视自身安全，又重视共同安全。

总体国家安全观所涵盖的 11 个领域安全：政治安全、国土安全、文化安全、网络安全、社会安全、经济安全、生态安全、资源安全、军事安全、科技安全、核安全。

相比以前的安全观，总体国家安全观用开放性的眼光，全面认识安全问题领域，更具完整性。11 个安全领域不仅包含了当下的安全领域，同时还突出了太空、深海、极地等新型安全领域。

(二)国家安全的概念

国家安全是指国家政权、主权、统一和领土完整、人民福祉、经济社会可持续发展和国家其他重大利益相对处于没有危险和不受内外威胁的状态，以及保障持续安全状态的能力。

(三)国家安全工作

国家安全工作应当坚持总体国家安全观，以人民安全为宗旨，以政治安全为根本，以经济安全为基础，以军事、文化、社会安全为保障，以促进国际安全为依托，维护各领域国家安全、构建国家安全体系，走中国特色国家安全道路。

二、维护国家安全的义务

(1)遵守宪法、法律法规关于国家安全的有关规定；

(2)及时报告危害国家安全活动的线索；

(3)如实提供所知悉的涉及危害国家安全活动的证据；

(4)为国家安全工作提供便利条件或者其他协助；

(5)向国家安全机关、公安机关和有关军事机关提供必要的支持和协助；

(6)保守所知悉的国家秘密；

(7)法律、行政法规规定的其他义务。

任何个人和组织不得有危害国家安全的行为，不得向危害国家安全的个人或者组织提供任何资助或者协助。

三、保守国家秘密

(一)国家秘密的概念

国家秘密关系国家的安全和利益。国家秘密是指依照法定程序确定，在一定时间内只限一定范围的人员知情的事项。国家秘密包括下列事项：

(1)国家事务重要决策中的秘密事项。

(2)国防建设和武装力量活动中的秘密事项。

(3)外交和外事活动中的秘密事项以及对外承担义务的事项。

(4)国民经济和社会发展中的秘密事项。

(5)科学技术中的秘密事项。

(6)维护国家安全活动和追查刑事犯罪中的秘密事项。

(7)其他经国家保密工作部门确定应当保守的国家秘密事项。

国家秘密按其秘密程度划分为绝密、机密和秘密三级。绝密是最重要的国家秘密，泄露会使国家的安全和利益遭受特别严重的损害；机密是重要的国家秘密，泄露会使国家的安全和利益遭受严重的损害；秘密是一般的国家秘密，泄露会使国家的安全和利益遭受损害。

保守国家秘密按其工作对象分为：科学技术保密、经济保密、涉外保密、宣传报道保密、公文保密、会议保密、政法保密、军事军工保密、通信保密和电子计算机保密等。

国家秘密和商业秘密的关系：商业秘密是指不为公众所知悉，能为权利人带来经济利益，具有实用性并经权利人采取保密措施的技术信息和经营信息。有些商业秘密泄露后，不仅会给权利人带来严重的损失，也会使国家的安全和利益遭受损害。因此，有的商业秘密也是国家秘密。

(二)失密、泄密的原因

尽管保守国家秘密有着非常重要的现实意义，但还是经常会有一些国家秘密被失密和泄密，这是什么原因造成的呢？有关部门通过调查分析后，认为造成国家秘密失密、泄密的原因主要有以下几个方面：

(1)新闻出版工作失误造成泄密。国内新闻泄密案件占整个新闻出版泄密案件的一半以上，特别是科技、经济方面的泄密，给国家造成了巨大的损失，同时也在政治上产生了严重影响。境外的一些中国问题专家在谈到搜集中国情报的方法时，认为其主要手段就是分析研究中国的报刊和出版物。境外谍报组织广泛收集我国公开发行的报纸、杂志、官方报告、人名通信录、企业电话号码簿以及车船、飞机时刻表等，经过选择让专家分析研究。美国中央情报局把凡是能弄到手的每一份共产党国家的出版物都买下来，每月有20多万份，他们认为，所需要情报的80%都可以从这些公开的材料中得到满足，并称之为“白色”情报。

案例

> 20世纪60年代，当我国大庆油田的开发使我国刚刚甩掉贫油国的帽子的时候，日本情报机关就从《中国画报》上刊登的大庆油田的照片上获得了大庆油田炼油能力、规模等情报。

（2）违反保密制度，在不适宜的场所随意公开内部秘密。这主要表现在接待外来人员的参观、访问和贸易洽谈之时，违反保密制度，轻易地将宝贵的内部秘密泄露出去。

（3）不正确使用手机、电话、传真或互联网技术造成泄密。一些谍报组织借助科学技术成果，利用先进的间谍工具进行窃听、窃照、截取电子信号和破获电子邮件等，以此来获取机密。

（4）保密观念不强，随身携带秘密载体造成泄密。有些保密观念不强的人，随意将一些秘密资料、文件、记录本和样品等携带出门，一旦丢失、被盗、被抢和被骗，很快就会造成泄密事件。

（5）保密意识淡薄，或无保密意识，有意无意地把秘密泄露出去。有些保密意识淡薄、缺乏保密常识的人，不分场合，随意在言谈中或通信中涉及国家秘密或秘密事项，或炫耀自己的见识广博，不料“道者无意，听者有心”，不经意间造成了泄密。

（6）极少数人经不住金钱和物质的诱惑，被谍报组织拉拢腐蚀出卖国家秘密。

四、会危害国家安全的“日常”行为

有些行为，你以为是小事，殊不知已经徘徊在犯罪的边缘，稍不留神，你的行为可能危害国家安全。如果发现危害国家安全行为或者发现自己正被间谍“套路”或者“威胁”，请第一时间向国家安全机关举报。举报电话：12339，见图 3－2。

图 3－2　国家安全举报电话：12339

（1）发表或者转发危害国家安全的反动言论；

（2）浏览境外不良网站，被植入木马程序；

（3）随手拍摄涉密单位、场所及物品；

(4)在网络论坛上谈论涉及国家秘密、情报的事项；

(5)涉密岗位人员及亲属使用的电子设备开启定位、自动上传功能；

(6)“天上掉馅饼”的网络兼职；

(7)素未谋面的境外“代购”；

(8)好心向“朋友”提供市场、行业、科研数据；

(9)为“友人”在敏感区做向导；

(10)销售、安装窃听、监视、定位设备。

五、危害国家安全所需承担的法律责任

危害国家安全的行为都要被追究法律责任，受到国家法律制裁。

《中华人民共和国刑法》规定：

(1)阴谋颠覆政府、分裂国家的，处无期徒刑或者十年以上有期徒刑。

(2)策动、勾引、收买国家工作人员、武装部队、人民警察、民兵投敌叛变或者叛乱的，处无期徒刑或者十年以上有期徒刑。

(3)进行下列间谍或者资敌行为之一的，处十年以上有期徒刑或者无期徒刑，情节较轻的，处三年以上十年以下有期徒刑：①为敌人窃取、刺探、提供情报的；②供给敌人武器军火或者其他军用物资的；③参加特务、间谍组织或者接受敌人派遣任务的。

(4)为境外的机构、组织、人员窃取、刺探、收买、非法提供国家秘密或情报的，处五年以上十年以下有期徒刑；情节特别严重的，处十年以上有期徒刑或者无期徒刑；情节较轻的，处五年以下有期徒刑、拘役、管制或者剥夺政治权利。

六、职业学校学生如何维护国家安全

(1)树立维护国家安全，我是主角的思想。热爱和珍爱自己的国家，不仅是人们千百年来巩固起来的对祖国的一种最深厚的感情，也是中华民族历久弥新的传统美德和民族精神。作为职业学校的学生，更要树立维护国家安全，我是主角的思想，自觉维护国家荣誉，捍卫国家尊严。

(2)树立国家利益高于一切的思想。邓小平同志指出：“国家的主权、国家的安全要始终放在第一位。”国家安全涉及国家、社会的方方面面，是国家、民族发展的首要保障。把国家安全放在高于一切的地位，是国家利益的需要，又是个人安全的需要，也是世界各国的一致要求。

(3)善于识别各种伪装。我们生活的社会是复杂多样的，境外间谍情报人员常常用五花八门的手段如交朋友、技术交流、旅游观光和新闻采访等，套取国家机密、科技政治情

报和内部情况。因此，我们要时刻保持警惕，防止上当受骗，做违反国家安全事情。军工专家张建革因金钱驱使被美国一个叫杰克的人拉下水，出卖国家研制尖端武器的秘密，经过审判，张建革犯间谍罪，被判处有期徒刑 15 年。

(4)克服妄自菲薄等思想。任何国家都有独特的政治、经济、文化、技术、科技、军事资源。虽说中国是发展中国家，但改革开放四十年来，我国经济发展势头强劲，有目共睹，已成为世界第二大经济体，对世界经济增长贡献率已连续多年居世界首位。国家实施创新驱动战略，新经济、新业态、新模式发展迅猛，在航天、高铁、天眼、超算、“蛟龙”、“北斗”、5G 技术等诸多领域从跟跑到并跑、到领跑，已实现全面赶超，赢得世界喝彩。作为职业学校的学生，要挺直腰板，绝不能妄自菲薄。要认识到我们有许多世界第一和“中国特色”，有许多境外窥视的国家机密和单位机密。

(5)要积极配合国家安全机关的工作。国家安全机关是国家安全工作的主管机关，是与公安机关同等性质的司法机关，分工负责间谍案件的侦查、拘留、预审和执行逮捕等工作。当国家安全机关需要大家配合工作的时候，在工作人员表明身份和来意后，作为职业学校学生都应当按照《国家安全法》规定的七条义务的要求，认真履行职责，尽力提供协助，如实提供情况和证据，做到不推不拒，更不以暴力、威胁方法阻碍执行公务，还要切实保守好已经知晓的国家安全工作的秘密。

(6)熟悉有关国家安全法律和法规。职业学校学生要对国家安全法律法规有所了解与掌握，知道什么是合法，什么是违法，从而明白什么可为，什么不可为。对于法律界限不清的问题，要多问、多学、慎行。

(7)收到各种反动宣传品，不要传看，要及时交到学校保卫部门。

(8)要严守党和国家秘密，自觉地同泄密行为和窃密行径做斗争。

第二节　反邪教

据统计，全世界邪教组织有 1 万多个，信徒数亿人。在未来社会，由于人类情感的需要和人格的变异，邪教组织具有进一步发展扩大的趋势。邪教通过对痴迷者进行精神灌输，导致很多惨剧的发生。近些年来这些形形色色的教派在各国均有所发展，其中以“末日论”为宗旨的邪教组织至少使几千万信徒卷入恐惧和狂乱，它们渗透到地球的每个角落，成为社会不安定因素，令各国政府和人民不得安宁。1992 年，活跃在世界上的 48 个国际恐怖组织中，约有 1/4 打着宗教的旗帜进行邪教活动，危害了人民的正常生活。邪教反人类、反科学、反社会、反政府的本质，对人类和社会造成了极其严重的危害，绝大多数国家的司法机构都严厉打击邪教。铲除“法轮功”“全能神”这样的邪教组织，已成为人类社会共同承担的责任。邪教势力的扩张不仅摧残其信徒的身心健康，危害他们的生命安全，而

且严重威胁社会的发展和稳定。我们要依照法律来惩治邪教的违法犯罪行为，维护社会的稳定，维护人民生命财产的安全，推动民主法治、公平正义、诚信友爱、充满活力、安定有序、人与自然和谐相处的社会主义和谐社会建设。

一、什么是邪教

法国专家们经过深入研究，认为从社会学角度出发，以“危险性”来界定邪教：一个团体，以科学、宗教或治病为幌子，掩盖其对信徒的权力、精神控制和盘剥，以最终获取其信徒无条件效忠和服从，并使之放弃社会共同价值观(包括伦理、科学、公民、教育等)，从而对社会、个人自由、健康、教育和民主体制造成危害，即为邪教。

结合现代司法学来讲，邪教是指危害社会、危害家庭、危害人权的具有“教主崇拜、精神控制、秘密结社、聚敛钱财、残害信徒、危害社会”六大特征的一种违法组织。“邪教”一词是中国传统文化中对这种反社会组织的称呼，现代国外一般称这种组织为“极端膜拜团体”。

我国现行法律对“邪教”的定义是，邪教组织是指冒用宗教、气功或其他名义建立的一种神化首要分子，利用制造、散布迷信邪说等手段蛊惑、蒙骗他人，发展控制成员，危害社会的非法组织。

二、邪教组织的基本特征

邪教组织都是以拯救人类为幌子散布迷信邪说，都有一个自称超自然力量的教主作为信徒顶礼膜拜的偶像，都是以秘密结社的组织形式控制群众，都是不择手段地敛取钱财。与正常的宗教相比较，邪教具有以下一系列专有的特征：邪教的“精神领袖”至高无上，是一切信徒所必须永远服从的。这个“精神领袖”往往在世，也是邪教的创立者，他要么假借其他宗教的躯壳，要么自创一个教派。如“科学神教”借助基督教，控制着信徒的所有行动，而他自己则可以不受教规的限制，他能够解释一切现象。

邪教组织具有十个特点：

(1)邪教对其信徒实行精神控制，信徒必须遵循“精神领袖”的旨意而行动。这种精神控制之严重，早已超出人们的想象。

(2)邪教通过信徒大肆敛财。邪教头目几乎都这样做，因此邪教往往拥有强大的经济实力。邪教敛财的手段也是多种多样的。有的邪教要求入会者交纳“会费”，有的通过举办培训班收取费用，有的出版会刊、教刊等。

(3)邪教脱离正常社会生活。邪教的内部法高于正常的社会法规，信徒必须遵守会规，使信徒脱离社会，就能使信徒失去家庭和朋友的帮助，彻底被纳入邪教。有的即使后悔，也难以脱身了。

(4)邪教大多侵犯个人身体。特别是对女性信徒和儿童来说，人身侵犯已是邪教信徒中经常出现的悲剧。

(5)邪教吸收儿童入会。我国法律是禁止向儿童传授宗教内容的，但邪教却毫无顾忌。

(6)邪教具有反社会性质。即社会是如此“丑恶”，只有加入“教会”才能净化灵魂。

(7)邪教扰乱社会正常秩序。

(8)邪教不断引起司法纠纷。如“科学神教”对一位写书揭露其邪教实质和内幕的记者富贝尔进行围攻和提出起诉，说他无理攻击“科学神教”。法院最终判处“科学神教”败诉。

(9)邪教经常性地转移资金。

(10)邪教试图渗入公共权力机构，以求扩大影响。

三、邪教的社会危害性

邪教对于人类，不仅毒害人的肌体，而且侵蚀人的灵魂。邪教对于社会的危害是多领域、多方面的。

(1)危害国家政治稳定。其表现在：破坏国内安定团结的政治局面；向公职部门渗透，侵蚀国家机构；挑战现行政治体制，反对国家政权。

(2)危害国家经济秩序稳定。其表现在：非法敛财，危害人民群众财产安全；进行经济犯罪，破坏社会生产及财政金融秩序。

(3)危害社会秩序稳定。其表现在：破坏社会治安；蔑视法律，危害公共秩序；诬告滥诉，干扰司法正常进行；毒化社会风气；干涉婚姻，违背人伦，破坏家庭。

(4)危害社会思想稳定。其表现在：编造歪理邪说，制造思想混乱；制造恐慌心理和恐怖气氛；反科学、反文明，亵渎人文精神。

(5)践踏人权。其表现在：残害生命，践踏人的生命权；扼杀自由，侵害人的政治权；诋毁宗教，伤害信教群众的名誉权。

四、案例追踪

邪教组织近年来屡屡制造危害社会安定、伤害民众安全的恶性事件。下面是邪教组织残害生命的真实案例，提醒广大师生提高警惕，引以为戒：

(1)1978 年 11 月 18 日，美国邪教组织“人民圣殿教”的信徒在教主吉姆 · 琼斯的胁迫下，在南美洲圭亚那琼斯镇集体自杀。共有 913 人喝氰化物中毒身亡，其中包括 276 名儿童。那些拒绝自杀的人被强行灌下氰化物，或被枪杀，或被勒死。吉姆 · 琼斯随即开枪自尽。整个营地只有四人幸免于难，其中两人是冒死逃跑的，另外两人是行动不便和耳聋的

老人，由于被别的信徒忘却而幸存。

(2)1995 年 5 月 20 日，日本邪教组织“奥姆真理教”在东京地铁释放沙林毒气，造成 12 人死亡，超过 5 000 人中毒。

(3)2000 年 3 月 17 日，乌干达邪教组织“恢复上帝十诫运动”在鲁昆吉里地区卡农古镇教堂里集体焚烧信徒，造成一千多人死亡。

(4)2001 年 1 月 23 日，5 名“法轮功”邪教组织信徒在北京天安门广场自焚，造成 2 人死亡，3 人重伤。

(5)陕西西安“全能神”信徒王涛相信妻子被“邪灵”附体，需要消灭肉体才能消灭“邪灵”，再由“圣灵”带来重生。2012 年 3 月 4 日上午 9 时，王涛对妻子进行殴打、猛击后，用枕头捂住妻子的面部直至其窒息身亡。随后，王涛又用菜刀向妻子尸体头部、胸部和腹部连砍十余刀。这一切结束后，王涛还希望附在妻子身体上的“邪灵”尽快死去，期待着“神”的来临，能使妻子“死而复生”。图 3 – 3 提醒学生防范“全能神”邪教。

图 3 – 3 防范“全能神”邪教

(6)河南兰考两个月婴儿被母亲当“小鬼”割喉杀害。2011 年 1 月 10 日早晨 7 时许，河南省兰考县谷营乡谷东村的邪教“实际神”成员李桂荣用剪刀割断自己仅有两个月大女儿的喉咙，将其残忍杀害。据悉，李桂荣将自己在邪教内“降职”归因到女儿身上，认为女儿是小鬼，处处纠缠她，致使其没有时间信神、读书，从而产生了杀女的想法。

(7)安徽省霍邱县卢庆菊加入“全能神”两年后，想要退出，却被当时的“介绍人”威胁：“你要是不干了，神一定会惩罚你的，灭了你和你的家人，包括你的孙子!”卢庆菊曾经看过教会惩罚不听话的人，想起那种毒打场面、威胁的话，便不敢再多说一句。2011 年 11 月，卢庆菊迫于“全能神”的威胁，为了不牵累家人而投河自尽。图 3 – 4 提醒学生千万别加入邪教。

(8)2014 年 5 月 28 日 21 时许，山东省招远市一麦当劳快餐厅内发生一起命案。事发当天，犯罪嫌疑人张立冬等 6 人为宣扬邪教、发展成员，在招远市罗峰路麦当劳快餐厅内向周围就餐人员索要电话号码。当索要被害人吴硕艳(女，35岁，山东省招远市人)电话却遭其拒绝后，张立冬等人认为其为“恶魔”“邪灵”，应将其消灭，遂实施殴打，致被害人死亡。

2014年10月11日，该案在烟台市中级人民法院第一审判庭公开宣判。张帆、张立冬被判死刑。吕迎春被判无期徒刑，张航、张巧联分别被判处有期徒刑十年和七年。11月28日，山东省高级人民法院对上诉人张帆、张立冬、吕迎春等涉邪教杀人案二审宣判，维持原判。2015年2月2日，经最高人民法院核准，山东省烟台市中级人民法院依法对犯故意杀人罪、利用邪教组织破坏法律实施罪的罪犯张帆、张立冬执行死刑(图3－5)。

图3－4　进入邪教就会跌入万丈深渊

图3－5　邪教人员受到法律的惩罚

五、职业学校学生应如何防范和抵制邪教

(1)首先要树立崇高的理想信念，筑牢抵制邪教的思想基础，树立正确的世界观。广大青年学生一定要树立崇高的理想信念和正确的世界观，培养高尚的道德情操，在服务祖国、服务社会中实现自己最大的人生价值，确保中国特色社会主义事业兴旺发达、后继有人。

(2)掌握科学知识，树立科学理想。作为新时代新人，一定要树立科学观念，不断地更新知识，厚积知识储备，掌握科学方法，培养科学精神，养成科学的思维方式，用科学的理念分析、判断、应对伪科学的东西，切实提高辨别是非、真伪的能力，用自己的实际行动抵制邪教，远离邪教。

(3)认清邪教本质，增强抵御能力。要充分认清邪教的本质及其危害，不断增强识别邪教、抵制邪教的能力；要深刻认识稳定、和谐是国家的大局，是民族振兴的关键；防范和处理邪教问题工作，就是消除不稳定、不和谐因素，构建和谐社会的重要环节。因此，广大青年学生要充分认识这场斗争的复杂性、艰巨性和长期性，增强社会责任感，自觉地参与到处置邪教、构建和谐社会的具体工作中，支持和协助学校和地方政府认真开展反邪教警示教育和帮教转化工作，积极承担起抵制邪教、防范邪教的社会政治责任。

(4)要崇尚科学，关爱家庭，珍爱生命，反对邪教。青年学生要加强自身反邪教知识的学习，自觉成为崇尚科学、反对邪教的实践者、宣传者和教育者，切实提高识别和抵制邪教的能力。坚持以科学的态度对待一切，生病了就要及时到医院就诊；要加强心理科学知识的学习，始终保持良好健康的心态，遇到不顺心的事要学会放松和缓解，正确对待人生的坎坷，千万不要为寻求精神寄托而误入邪教的泥潭。

(5)珍爱生命，关爱家庭。邪教通过欺骗、引诱、胁迫等手法，把人们的命运牢牢地套在它们的“精神控制”之中，一些愚昧的信教人员在“世界末日”“升天”等歪理邪说的驱使下，放弃生命，不顾生死、家庭，走向极端，充当了邪教的“殉葬品”。作为一名热爱生活、珍爱生命、关心家庭的青年学生，必须充分认清邪教泯灭亲情人性、残害他人生命的邪恶本质，认清邪教对人们自身、对家庭、对社会的严重危害。

(6)崇尚文明，反对邪教。崇尚文明、反对邪教是全人类的共同任务。作为青年一代，要树立科学健康的生活方式，不断增强免疫能力。我们要从“法轮功”等邪教组织危害社会、祸国殃民的例证中认清其反人类、反社会、反科学的邪教本质，大力倡导科学精神，弘扬精神文明，积极参与科学文明、健康向上的校园文化科技活动，用科学理论和知识武装头脑，做一个遵纪守法、崇尚科学、反对邪教的新一代。

(7)要坚决做到不听、不信、不传。为了避免上当受骗，免受迷信之苦、邪教之害，青年学生要始终做到不听、不信、不传，即不听邪教的宣传，不相信邪教的谬论，更不要传播邪教。如果自己在原籍误练上“法轮功”或其他邪教，入校后，要主动向学校讲清自己的情况，积极接受学校的帮教，坚决与邪教组织决裂；如果自己的同学、亲属、朋友信了邪教，要提醒他们千万别上当，要脱离邪教；对于邪教人员的拉拢，要提高警惕，防止受骗；家里收到邪教宣传信件，要及时劝家长上交到居委会、村委会或单位；本人若收到邪教寄来的信件、光盘等反动宣传资料，要及时上交给老师或学校保卫部门；在网上电子邮箱中收到“法轮功”等邪教的邮件时，要立即删除，不要相互传看。

(8)坚决抵制邪教的各类非法活动。对邪教的渗透活动，要坚决地抵制。见到邪教人员在散布邪教言论、非法聚会、搞破坏活动时，要及时向学校或公安机关报告。如果发现自己的父母、亲戚或朋友信了邪教或参与聚会、串联等违法活动，要敢于揭发，及时制止规劝；发现有人在校园内或公共场所散发、张贴邪教传单、标贴，要立即向学校或公安机关举报。特别是对境外“法轮功”组织抛出的“九评”系列反动文章，要坚决做到不传、不看，彻底挫败“法轮功”邪教组织通过所谓的“正邪大战”进行反动宣传的图谋。要同各种邪教做坚决的斗争。

(9)积极主动参与帮教活动。作为青年学生，要积极参与反邪教警示教育活动，不仅自己主动受教育，还要动员和帮助周围的同学和亲友受教育，要用学到的有关反邪教的知识，帮助他们揭穿邪教骗人的“鬼把戏”；对迷上邪教的父母、亲朋好友或同学，要竭力劝说，并主动参与帮教工作。用亲情、真情和友情去感化他们，帮助他们早日脱离邪教，回到正常人的生活中来。积极投身传播科学文明的行列，大力弘扬科学精神，带头践行文明健康的生活方式，积极参与健康向上的校园文化体育活动，努力把自己培养成为富有朝气、积极进取、全面发展的新时代学生，为创建“无邪教校区”做出贡献(图 3 –6)。

图 3 –6　拒绝一切邪教活动

反邪教是一项社会系统工程，任重而道远，需要全社会共同努力才能够做到，需要加强国际合作才能够见效。但我们相信，正义终将战胜邪恶！作为当代职校学生，我们必须充分认识邪教活动的现状和危害，提高识别、抵御和有效防范邪教的能力。只要我们坚持“珍爱生命、反对邪教”，倡导科学健康的生活方式，我们的学校生活一定能够充满快乐和幸福！

第三节　恐怖主义活动的防范措施

 **案例**

昆明“3 · 01”暴力恐怖事件

2014 年 3 月 1 日，10 余名暴徒在昆明火车站持刀从站前广场到临时候车室、临时售票区、第一售票大厅，一路杀戮而来。当公安民警到场处置时，暴徒仍持刀顽抗。警方在鸣枪示警后，果断击毙 4 人。昆明“3 · 01”暴力恐怖事件造成 31 人死亡，141 人受伤，其中 40 人重伤。该案是一起有组织的严重暴力恐怖袭击事件，残忍暴行令人发指，更让人警醒。

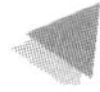

一、恐怖主义活动的基本含义

我国《反恐怖主义法》第三条规定：恐怖主义是指通过暴力、破坏、恐吓等手段，制造社会恐慌、危害公共安全、侵犯人身财产，或者胁迫国家机关、国际组织，以实现其政治、意识形态等目的的主张和行为。恐怖主义事件主要是由极左翼和极右翼的恐怖主义团体，以及极端的民族主义、种族主义的组织和派别所组织策划的。

二、恐怖主义的主要表现形式

(1)暗杀。如1995年11月以色列总理拉宾在集会上被犹太极端分子刺杀身亡。

(2)劫持人质。如2002年10月莫斯科重大劫持人质案。

(3)爆炸。如2005年伦敦地铁爆炸案。

(4)劫持交通工具。如美国“9·11”事件。

(5)武装袭击。如1997年9月开罗市中心博物馆武装袭击案。

(6)生化武器攻击。如1995年日本东京地铁的沙林毒气案，美国炭疽邮件事件。

三、恐怖主义的紧急防护措施

(一)前期预防

- 准备家庭应急物品包：包括2～3日食物、水、电池、手电筒、药品等。
- 准备家庭联系方案：确保发生意外事件可以及时联系到家庭成员。
- 牢记当地政府的紧急联络电话。
- 熟悉公共场所的紧急出口。
- 提高警惕，注意周围环境，留意不寻常活动。不接受陌生人包裹，不将行李交给陌生人保管。

(二)紧急应对

如果您遭遇到：

1. 爆炸

- 卧倒：迅速背朝爆炸冲击波传来的方向卧倒，脸部朝下，头放低，在有水沟的地方最好侧卧在水沟里。如在室内遭遇爆炸可就近躲避在结实的桌椅下。

● 张口：避免爆炸所产生的强大冲击波击穿耳膜，引起永久性耳聋。

● 防烟防毒：爆炸瞬间屏住呼吸，逃生时以低姿势为好。不乱跑乱窜，不大呼大叫。用毛巾或衣服捂住口鼻。

● 电话呼救：立即拨打“120”“110”“119”等急救电话。

● 伤员救助：检查伤员受伤情况，迅速清除伤者气管内的尘土、沙石，防止窒息。如呼吸停止，应立即进行人工呼吸和心脏按压。就地取材、对伤者进行止血、包扎和固定，搬运伤员时注意保持脊柱伤病人的水平位置，防止因移位而发生截瘫。

2. 毒气

● 紧急防护：尽快用衣服、帽子、口罩等，保护自己的眼、鼻、口腔，防止毒气摄入。

● 快速撤离：遭遇毒气时，在场人员应迅速撤离现场。不要慌乱，不要拥挤，不要大喊大叫，镇静、沉着，有秩序地撤离。

● 注意方向：不可顺着毒气流动的风向走，逆向逃离。

● 及时就医：逃离后，要脱去被污染衣服，及时消毒，立即到医院检查，必要时进行排毒治疗。

3. 人质劫持

● 保持镇定。

● 保存体力。

● 不要意气用事，不要行为失控。观察时机，发现恐怖分子的漏洞后，随机应变。

● 设法传递信息。例如，人质可通过发送手机短信、写字条等方式，将所处地点、恐怖分子的数目、企图、特点等最重要的信息传递出来。

● 警务人员对恐怖分子发起攻击时，人质应立即趴倒在地，双手保护头部，随后迅速按警务人员的指令撤离。撤离时要避免惊慌混乱，首先搀扶老人和孩子。

4. 不明包裹

不明包裹特征：

● 无邮票、无邮戳。

● 无寄信人地址。

● 收件人称呼、地址有误。

● 邮件上有过多胶布。

● 邮戳地区与寄件人地址不符合。

● 邮件上字迹怪异，或是剪贴的印字。

要提高警惕，做到：

- 不打开、不摇晃、不碰撞、不嗅闻。
- 将不明邮件放入塑料袋收好。
- 及时洗手。
- 拨打警察的非紧急电话报警。

5. 爆炸威胁

如果接到关于爆炸的恐吓信息，如恐吓电话，要做到：

- 努力从恐吓方得到更多的信息，用纸笔记录对方所说的话或录音。
- 注意电话的背景声音，如特殊的音乐、机器声响、对方的声音特质等。
- 如果是在工作地点，要及时向同事预警。
- 接到爆炸威胁后，千万不要触碰特殊的包裹。把特殊包裹附近的东西清理干净，尽快通知警察。
- 如果是在室内，要远离玻璃等易碎物品。
- 如果发现炸弹，不要试图移动，要立刻报警，请专业人员处理。

第四节　毒品犯罪的预防和处理

案例

初中学生吸毒致死

广西灌阳县的一名学生，因为吸食毒品而死亡。死亡的学生名叫陈某，14 岁，在桂林市灌阳县民族中学读初中一年级，事发当天中午，陈某从学校回到家中，当时他坐在客厅沙发上，陈某的母亲在厨房里做午饭。陈某的母亲回忆：

“当时，突然听到声响，孩子从沙发上掉到地上，看到他手脚抽筋，我马上跑出来把他扶在沙发上。”

当时陈某口吐白沫倒在地上，四肢抽搐，神志不清，家人赶紧拨打了 120 急救电话。医生诊断：“吸毒过量。”

经过几个小时的抢救，医生没能留住陈某的生命。灌阳县公安局民警来到医院为陈某做了尿检，证明他曾吸食毒品“K 粉”，医院认定陈某是吸食过量 K 粉而导致呼吸循环衰竭，最终死亡的。

如果说对个人而言，毒品是人体内的“吸血鬼”，那么对社会对国家而言，毒品就是毁灭一个国家一个民族的“恶瘤”。19 世纪末，中国人的典型特征是“一条辫子、一杆烟枪”。西方国家讥讽中国人是“东亚病夫”。中国正是在鸦片的轰击下，逐步沦为半殖民地、半封建社会。毒品无时无刻不在摧残肉体、侵蚀灵魂、践踏人类文明与尊严。

一、毒品的定义

《中华人民共和国刑法》第三百五十七条规定：毒品是指鸦片、海洛因、甲基苯丙胺(冰毒)、吗啡、大麻、可卡因以及国家规定管制的其他能够使人形成瘾癖的麻醉药品和精神药品。

二、常见毒品的名称及对身心危害

常见毒品的名称及毒性症状如表 3－1 所示。

表 3－1 常见毒品名称及毒性症状

名称	俗称	毒性症状
鸦片	阿片、大烟	头晕目眩、恶心、头痛；体质衰弱和精神颓废，寿命缩短；急性中毒猝死
大麻		出现幻觉和妄想，精神障碍、思想迟钝、失眠、食欲减退、性情急躁、易怒、呕吐、颤抖
海洛因	白粉(毒品之王)	破坏人的免疫功能，心、肝、肾等器官损害，剂量过大可致死；注射吸食还能传播艾滋病
吗啡		精神失常、妄想和幻想，过量会导致呼吸衰竭而死亡
可卡因		情绪高涨、好动、健谈，有攻击倾向，精神依赖性非常强
甲基苯丙胺	冰、冰毒	强烈的生理兴奋，妄想、好斗、错觉、引发暴力行为，严重损害心脏、大脑组织甚至死亡
麻古	冰毒片	很强的成瘾性
氯胺酮	K 粉、迷奸粉、强奸粉	有致幻作用，意识与感觉分离状态，导致神经中毒，精神分裂，易产生性冲动，通常在 KTV 场所滥用，过量可致死
摇头丸		服用后中枢神经强烈兴奋，听曲即摇，幻觉作用下引发淫乱、自残、攻击行为，诱发精神分裂症，精神依赖性强

图 3－7 提醒年轻人抵制诱惑，拒绝毒品。

图 3－7　抵制诱惑，拒绝毒品

三、吸毒对社会的危害

（1）毒品活动扰乱社会治安。在吸毒者意识里，毒品就是他生命，为了生命，他们需要大量钱财购买毒品，从而诱发各种违法犯罪活动，给社会安定带来巨大威胁。

（2）毒品对社会生产力产生巨大破坏。吸毒者首先导致身体疾病，摧残意志和精神，失去生产能力，其次是造成社会财富的巨大损失和浪费，同时毒品活动还造成环境恶化，缩小人类的生存空间，祸国殃民。

（3）毒品对家庭产生巨大伤害。家庭一旦出现吸毒者，家庭便会陷入经济破产、亲人离散，甚至家破人亡，家便不成家了。

四、职业学校学生如何远离毒品

（1）不去酒吧、KTV 等娱乐场所。酒吧、KTV 等娱乐场所是社会闲杂人员最爱聚集的地方，也是毒品滥用的地方，容易滋生各种事端。学生如果经常出入酒吧、KTV 等娱乐场所，因为缺乏高度的警惕性和辨识力，缺乏妥善处理突发事件的自我保护能力，容易被不法分子盯上而走上不归之路。

（2）充分认识毒品的危害，坚守心理防线。毒品害个人、害家庭、害社会、害民族、害国家，因此，职业学校的学生一定要充分认识毒品的危害，明辨是非，珍爱生命，坚决抵制不良行为、不良嗜好的诱惑，不放任自己，不放任好奇心，不以身试毒，不抱侥幸心理，坚守心理防线。

（3）慎交朋友。不结交吸毒、贩毒朋友。在有人（无论是陌生人，还是亲朋好友）大肆吹嘘毒品的妙境，甚至无偿提供毒品的情况下，更应提高警惕，抵御诱惑，不中圈套。遇到亲朋好友吸毒、贩毒，一要劝阻，二要回避，三要举报。坚决抵制毒品。

(4)培养良好的爱好与生活习惯。许多人因为空虚和追求刺激而走上吸毒道路的，因此职业学校的学生不要盲目追求感官刺激，不要消极厌世，克服攀比和赶时髦心理，努力培养良好的兴趣与爱好，树立正确的人生观。

(5)主动接受毒品基本知识和禁毒法律法规教育。

了解毒品的危害，不听信毒品能治病、毒品能解脱烦恼和痛苦、毒品能给人带来快乐等花言巧语。即使自己在不知情的情况下，被引诱、欺骗吸毒一次，也要珍惜自己的生命，千万不要再吸第二次，更不要吸第三次。

小贴士

《中华人民共和国刑法》第三百四十七条【走私、贩卖、运输、制造毒品罪】走私、贩卖、运输、制造毒品，无论数量多少，都应当追究刑事责任，予以刑事处罚。

走私、贩卖、运输、制造毒品，有下列情形之一的，处十五年有期徒刑、无期徒刑或者死刑，并处没收财产：

(一)走私、贩卖、运输、制造鸦片一千克以上、海洛因或者甲基苯丙胺五十克以上或者其他毒品数量大的；

(二)走私、贩卖、运输、制造毒品集团的首要分子；

(三)武装掩护走私、贩卖、运输、制造毒品的；

(四)以暴力抗拒检查、拘留、逮捕，情节严重的；

(五)参与有组织的国际贩毒活动的。

走私、贩卖、运输、制造鸦片二百克以上不满一千克、海洛因或者甲基苯丙胺十克以上不满五十克或者其他毒品数量较大的，处七年以上有期徒刑，并处罚金。

走私、贩卖、运输、制造鸦片不满二百克、海洛因或者甲基苯丙胺不满十克或者其他少量毒品的，处三年以下有期徒刑、拘役或者管制，并处罚金；情节严重的，处三年以上七年以下有期徒刑，并处罚金。

单位犯第二款、第三款、第四款罪的，对单位判处罚金，并对其直接负责的主管人员和其他直接责任人员，依照各该款的规定处罚。

利用、教唆未成年人走私、贩卖、运输、制造毒品，或者向未成年人出售毒品的，从重处罚。

对多次走私、贩卖、运输、制造毒品，未经处理的，毒品数量累计计算。

小贴士二

滥用止咳水等于吸毒

近几年全国很多地区都报道了不同程度的"止咳水"流行性滥用，甚至导致许多严重后果。青少年滥用"止咳水"问题在我国某些地区已成为严重的社会问题。目前滥用的止咳药水的品牌从开始主要为联邦止咳露，发展到立健亭、可非、佩夫人多种品牌；滥用的药物种类从止咳药水发展到曲马多、复方地芬诺酯及复方甘草片等多种处方药，甚至相互混合或与右美沙芬片、晕动片等非处方药混合滥用，即多药滥用，危害更大。

14～20岁这个年龄段的青少年，正处于身体和心理双重发展的年龄，对外界的环境辨别能力较弱，而他们的自控力又差，易受诱惑。青少年滥用处方药原因很多，多是出于好奇、受同伴影响、缓解压力以及寻求刺激等，但其背后更多的是家庭问题、教育问题和社会问题。国外研究资料表明，不和睦、不健康的家庭背景，同伴间的影响，熬夜，学习成绩差，自觉孤独以及药物的易得性都是药物滥用的危险因素。因此，要杜绝青少年滥用止咳水成瘾现象，一方面要加大处方药品零售环节的监管处罚力度，另一方面学校和家庭都要对青少年的心理加以正确引导及梳理，找出问题的症结所在，这才是解决问题的最有效方法。

第四章

人身与财产安全

2018 年夏天，家住山东省临沂市罗庄区高都街道中坦村的 18 岁女孩徐玉玉考上了南京邮电大学英语系，由于家庭困难，她向教育部门申请了助学金。8 月 19 日下午，张玉玉接到一个以发放助学金为名义的电话，并按电话里提供的方法操作了所有程序转出 9900 元。转出后才知道是诈骗电话。在和父亲报警回家的路上，家境十分贫寒的徐玉玉伤心欲绝，郁结于心，突然心脏骤停，经医院抢救无效不幸离世。同期，在临沂市河东区，另有一名女学生被骗走 6800 元学费。

学生的人身安全是学生在学校生活、学习、活动的重要条件，是安全之本；学生的财产安全是学生生活、学习、活动的重要保障。完成学业，不仅需要主观的努力奋斗，还需要物质条件做基础。

职业学校生活是职校生进入社会开始独立人生的第一站。青年学生在入学之前，基本上都是从家门到校门，保护学生人身安全和健康的职责主要由家长和学校的老师肩负着。在家长和学校老师的悉心呵护下，社会上的各种不安定因素对学生影响相对较小。如今青年学生走出家门来到职业学校，亟待强化对安全知识的学习，不断提高自我保护能力。

第一节　盗窃犯罪的防范与应急处理

案例

> 某校住同一宿舍的两个女生蒋某和顾某，平时关系很好，同进同出。一天，蒋某去自动取款机取钱，顾某像往常一样陪蒋某同去。就在蒋某取钱输密码时，心细的顾某在旁边已经暗暗记下密码。过了一个月，当蒋某再次取钱时，发现卡上少了3000元。蒋某立即向学校保卫部门报案，后经保卫部门多方调查发现是顾某有一天乘蒋某不在寝室，偷走她的银行卡，然后坐车去市中心，在一台自动取款机上分3次提取了3000元。

盗窃是职业学校的多发性案件，被盗物品大到电脑、手机、银行卡，小到书本、内衣、内裤等。盗窃事件的多发地点主要集中在宿舍、教室、餐厅、运动场所、公交车和商场等公共场所。做好校园防盗工作是很有必要的。

一、盗窃犯罪的概念及其特点

盗窃的基本特点是其侵犯的客体是公私财物的所有权。侵犯的对象是国家、集体或公民合法所有的财物。盗窃罪指向的财物一般是有形的，也包括具有经济价值的某些无形物，如电力、煤气、天然气、重要的技术成果、电信码号等。其客观方面表现为，行为人实施了秘密窃取数额较大的公私财物的行为或窃取的数额不是较大，但曾多次实施盗窃。

小贴士

> **盗窃适用的法律条文、司法解释**
>
> 1.《中华人民共和国治安管理处罚法》第四十九条：盗窃、诈骗、哄抢、抢夺、敲诈勒索或者故意损毁公私财物的，处五日以上十日以下拘留，可以并处五百元以下罚款；情节较重的，处十日以上十五日以下拘留，可以并处一千元以下罚款。

2.《中华人民共和国刑法》第二百六十四条:【盗窃罪】盗窃公私财物,数额较大的,或者多次盗窃、入户盗窃、携带凶器盗窃、扒窃的,处三年以下有期徒刑、拘役或者管制,并处或者单处罚金;数额巨大或者有其他严重情节的,处三年以上十年以下有期徒刑,并处罚金;数额特别巨大或者有其他特别严重情节的,处十年以上有期徒刑或者无期徒刑,并处罚金或者没收财产。

3.《最高人民法院、最高人民检察院、公安部关于盗窃罪数额认定标准》

各省、自治区、直辖市高级人民法院、人民检察院、公安厅(局),解放军军事法院,军事检察院:

根据《刑法》第二百六十四条的规定,结合当前的经济发展水平和社会治安状况,现对盗窃罪数额认定标准规定如下:

(1)个人盗窃公私财物"数额较大",以五百元至二千元为起点。

(2)个人盗窃公私财物"数额巨大",以五千元至二万元为起点。

(3)个人盗窃公私财物"数额特别巨大",以三万元至十万元为起点。

各省、自治区、直辖市高级人民法院、人民检察院、公安厅(局),可以根据本地区经济发展状况,并考虑社会治安状况,在上述数额幅度内,共同研究确定本地区执行的盗窃罪"数额较大""数额巨大""数额特别巨大"的具体数额标准,并分别报最高人民法院、最高人民检察院、公安部备案。

二、校园盗窃犯罪的特点

一般盗窃案件都有以下共同点:实施盗窃前有预谋准备,熟悉作案环境;现场通常遗留痕迹、指纹、脚印、物证等;盗窃手段和方法常带有习惯性;有被盗窃的赃款、赃物可查。学校盗窃案件因作案主体和场所的特殊性,还有以下一系列特点:

(1)时间上的选择。作案主体在有人的情况下是不会行窃的,作案人必然选择作案地点无人的空隙实施盗窃。例如,上课和晚自习期间,同学们都在教室,作案人便会入室行窃;周末或节假日期间,实验室、办公室、公寓、计算机室通常均处于无人状态,作案人便会乘隙而入。另外每学期开学和临放假期间,人员混杂,同学疏于防范,也容易发生盗窃案件。

(2)目标上的准确性。学校中内盗案件比较多。哪个同学有钱或贵重物品,常放在什么地方,有没有锁在箱子中或柜子里,钥匙放在何处,作案者都基本了解,一旦动手目标十分准确,通常能快捷地得手。

(3)动机上的复杂性。职业学校盗窃案件中的盗窃分子主要是内部的人员或者熟悉学校环境的人员,他们盗窃的动机主要包括:追求享乐、摆阔气、经济窘迫、泄私愤、报复和

满足变态心理需求等。

(4)作案上的连续性。正是由于作案人比较“聪明”，所以其第一次作案容易得手。“首战告捷”后，作案人员往往产生侥幸心理，加之报案的滞后性或破案的延迟性，作案人员极易屡屡作案而形成一定的连续性。

三、常见的校园盗窃案件的行窃方式

发生在校园的盗窃案件主要有以下行窃方式：

(1)顺手牵羊。指作案者趁人不备偷窃他们放在桌子、床上、走廊、阳台、球场、图书馆等处的钱物。

(2)翻窗入室。指作案者趁主人不在时，翻窗而入，将贵重物品盗走。

(3)隔窗钓鱼。指作案者用工具将室内的衣服或财物钩走，居住在公寓一楼以及有窗户靠走廊的房间的学生要当心此类盗窃。

(4)撬门扭锁。指作案者使用工具撬开门锁而入室行窃。这种犯罪分子手段毒辣，入室后还会继续撬抽屉或箱子上的锁，翻箱倒柜，从而盗走现金或各类贵重物品。采用这种方式的犯罪分子基本都是外盗。

(5)偷配钥匙。指作案者用当事人随手乱丢的钥匙偷配好钥匙，趁当事人不在宿舍时打开当事人的房锁、门锁、抽屉锁等，从而盗走现金和贵重物品等。这类作案人大多是与当事人比较熟悉的人。

(6)蒙混入室。指作案者用推销、传销和兼职等名义混入宿舍，骗取同学信任，然后伺机行窃。

(7)溜门串户。指作案者以找同学、朋友或者推销商品为幌子，在宿舍或办公区域各房间到处流窜，一旦发现房门未锁，房内无人，便趁机入室行窃。

(8)引狼入室。指校内学生勾结校外、社会不良人员，以到校内玩耍或在宿舍留宿为由，伺机在宿舍或校内其他区域进行盗窃活动。

四、防范盗窃的基本方法

防盗的基本方法有人防、物防和技防三种。其中，人防是预防和制止盗窃犯罪唯一可靠的方法。物防，是一种应用最为广泛的基础防护措施。技防，则是可即时发现入侵、能够替代人员守护且不会疲劳和懈怠，可长时间处于戒备状态的更加隐蔽可靠的一种防范措施。对于学生来说，最重要的是做好教室和学生宿舍的防盗工作，保护好自己和同学的财物。这不仅是个人的事，而且是全宿舍、全班乃至全校同学共同关心的大事。

学生宿舍和教室的防盗工作，要注意做到以下几点：

(1)最后离开教室或宿舍的同学，要关好窗户锁好门。学生一定要养成随手关灯、随手关窗、随手锁门的习惯，不要因为怕麻烦而让盗窃犯罪人有机可乘。

(2)不要留宿外来人员。学生应该文明礼貌，热情好客，但决不能只讲义气、讲感情而不讲原则、不讲纪律。如果违反学校学生公寓管理规定，随便留宿不知底细的人，就等于引狼入室而将会后悔莫及。

(3)对进入公寓的陌生人应保持警惕，配合宿舍管理员做好防范，使犯罪分子无机可乘。

(4)注意保管好自己的钥匙，不要随意外借，若钥匙丢失，应及时通知其他同学，必要时换锁。

(5)现金多时最好立刻存入银行，贵重物品不用时最好锁入抽屉和柜子里，节假日离校时，应将贵重物品带走或托付给可靠的人帮助保管。

(6)团结友爱，互相帮助。舍友间的团结友爱、互相照应在一定程度上可以积极预防盗窃犯罪。

(7)银行卡和存折要及时修改密码，切记密码不能用身份证号等相关数字，且不能告诉他人。

(8)在教室、图书馆、食堂等公共场所，钱包或贵重物品要随身携带；在球场运动时要交给专人保管。不要将财物放在人多杂乱的环境里，哪怕只有几分钟，你的财物也可能“不翼而飞”。

(9)自行车要停放在学校指定的停车地点，养成离车上锁的习惯。要配备正规厂家生产、防撬防剪的高质量锁具。放假期间长时间不用车时，要将车辆停放在安生可靠的地方。建议同学们在上学期间不要购买高档自行车，以减少丢失后的经济损失。

图4－1提醒学生们要谨防校园内公共场所盗窃案的发生；图4－2提醒学生要谨防宿舍盗窃案的发生。

图4－1　谨防校园内公共场所盗窃案

图4－2　谨防宿舍盗窃案

五、发生盗窃案件的应对办法

如果发现自己的宿舍门、抽屉、柜子被撬，室内物品被翻动，则可能是发生了盗窃案件。一旦发生盗窃案件，同学们一定要冷静应对，其处置方式如下：

(1)立即报告学校保卫部门，同时拨打“110”报警。

(2)封锁和保护现场，不准任何人进入。不得翻动现场的物品，切不可冒失查看自己的物品是否丢失，以免破坏现场。这对公安人员准确分析、正确判断侦查范围和收集罪证，有十分重要的意义。

(3)如果发现嫌疑人，在保证自身安全的前提下，应立即组织同学进行堵截捉拿，同时向保卫部门和公安机关报告并积极配合。

(4)配合调查，实事求是地客观回答公安部门和保卫人员提出的问题。积极主动地提供线索，不隐瞒情况，学校保卫部门和公安机关有义务、有责任为提供情况的同学保密。

(5)如果发现存折、信用卡、银行卡、手机卡被窃，应当尽快办理电话挂失。

六、内盗案件对学生的危害

同学间发生内盗案件，实施盗窃行为的同学可能只想到了可以不劳而获，甚至是轻而易举地获取一定数量的钱财。但他更应该去思考的是，为了获取这点儿在其漫漫人生中微不足道的钱财，他所失去的或者要承担的后果是什么？

(1)引起同学间的互相猜忌，让原本快乐的学校生活蒙上阴影。

(2)影响同学间纯真的友谊。要知道，同学们一旦毕业走上社会后，同学之间的感情是多么弥足珍贵。

(3)就算事过境迁，不论曾经有盗窃行为的同学今后发展成就有多大，财富有多少，在其内心深处，永远无法摆脱偷走同学钱财、辜负同学信任、破坏同学间友谊的负罪感。

(4)由于监控摄像头对校园公共场所已基本实现了全覆盖，加之校内人员成分相对单一，实施盗窃行为的同学较容易被锁定，案件侦破难度较低。

(5)案件一旦查清，实施盗窃行为的同学付出的代价将是惨痛的。不仅丧失了同学的信任和友情，而且会被学校处分，甚至会被移交公安机关依法处理。一失足成千古恨，由此带来的污点将伴随整个人生。

第二节　诈骗犯罪的防范与应急处理

案例

新生入学遭遇诈骗

2015年9月，南京某大学的大一新生李某开学报到后，在缴学费的窗口排队等候交学费时，一名30岁上下，戴着眼镜的女子走到李某身边，“你是不是李某？我是你们系的辅导员”。李某见到“辅导员”顿感亲切，“辅导员”对李某说排队要很久，她可以帮其代缴学费，并让李某先到宿舍登记入住。李某看到这名女子身上还挂着迎新的牌子，手上抱着一叠表单，他就没有怀疑，将身上的现金给了这位“辅导员”，后李某核对学费时才知道被骗。

同年9月初，大一新生王某向雨花台铁心桥派出所报警称，他的行李被谎称是学长学姐的人偷走。民警到学校了解情况得知，王某独自来到学校报到，身上背着、提着很多行李，他一到校门口就有两个挂着“新生接待人员”胸牌的男孩和女孩热情地迎了上来，他们自称是大二的学长学姐，在此做迎接新生的志愿服务，可以帮助王某在登记报到时提行李。毫无防备的王某心里很高兴，还与学长学姐交流起了校园生活。可当他办完入学手续，再回过神找寻代管行李的学长学姐时，人和行李已经不见踪影。

进入职业学校，大部分的学生是第一次离开家独立生活，由于独立处理生活事务的能力有一个逐渐培养的过程，而这个过程很容易被犯罪分子所利用，造成财物被骗或被抢。因此，了解诈骗的防范知识，是非常重要的。

一、诈骗犯罪的概念及其特点

诈骗罪是指以非法占有为目的，用虚构事实或者隐瞒真相的方法，骗取数额较大的公私财物的行为。由于它一般不使用暴力，而在一派平静甚至“愉快”的气氛中进行，受害者往往容易上当。其突出特点就是使用欺骗的方法取得公私财物。在犯罪形式上，犯罪分子多以编造假情况或隐瞒事实真相，而使受害者陷于一种错误认识，信以为真，仿佛“自愿地”将财物交与犯罪嫌疑人。通常存有以下几种心理意识易被诈骗分子利用：

(1)虚荣心理；

(2)幼稚、不做分析的同情、怜悯心理；

(3)贪占小便宜的心理；

(4)轻率、轻信、麻痹、缺乏责任感；

(5)贪求美色、想入非非的不良意识；

(6)易受暗示、易受诱惑的心理。

小贴士

与诈骗有关的法律条文

《中华人民共和国治安管理处罚法》第四十九条：盗窃、诈骗、哄抢、抢夺、敲诈勒索或者故意损毁公私财物的，处五日以上十日以下拘留，可以并处五百元以下罚款；情节较重的，处十日以上十五日以下拘留，可以并处一千元以下罚款

《中华人民共和国刑法》第二百六十六条：【诈骗罪】诈骗公私财物，数额较大的，处三年以下有期徒刑、拘役或者管制，并处或者单处罚金；数额巨大或者有其他严重情节的，处三年以上十年以下有期徒刑，并处罚金；数额特别巨大或者有其他特别严重情节的，处十年以上有期徒刑或者无期徒刑，并处罚金或者没收财产。本法另有规定的，依照规定。

二、常见的诈骗方式

(一)借熟人关系进行诈骗

此类骗子往往是冒名顶替或者以老乡、朋友的身份进行诈骗的，而受害人往往碍于面子，很容易就坠入圈套。

（二）以中介、兼职、招聘为名进行诈骗

此类骗子往往利用同学急于找到工作的心理，以招工点、兼职家教介绍所等名义进行诈骗，骗取介绍费、押金、报名费。或者利用同学们作为其廉价劳动力，从中获得非法利益。

（三）以特殊身份进行诈骗

此类骗子多以社会上的“能人、名流”的名义进行诈骗，例如谎称自己是导演、星探、经纪人、记者、老板、军人等，抬高身价，以帮助同学解决各类困难为由进行诈骗。

（四）以遇到某种困难或者不幸急需帮助为名进行诈骗

此类骗子多以走失或者丢失财物的学生、灾区群众、落难者等名义寻求帮助，进行诈骗。一些学校发生的诈骗案，多是以“借用银行卡打钱”等名义进行诈骗。不法分子多以入校新生尤其是女生为目标，先是以学生身份取得受害人的信任，再取得对方的同情，然后实施诈骗。

（五）以小利取信进行诈骗

采取欲擒故纵的方法，先将曾许诺的利益予以兑现，取得信任后，再骗取更多的财利，让受骗者在绝对信任和不知不觉中蒙受重大的损失。

（六）以电话、手机短信诈骗

冒充电信局、公安局、银行等单位工作人员实施的新型电信诈骗手段，犯罪分子使用“任意显号”软件等技术，随机拨打手机、固定电话或发送手机短信，显示国家机关的热线号码或总机号码进行诈骗。

案例

某职校新生遭遇推销诈骗

2019年9月初的一个下午，某职校刚刚入校的新生李某和郭某正在宿舍闲聊休息，突然有人推门而入，自称是“师姐”，在学校附近的一个厂里做兼职销售文具，并负责寻找在校的代理学生。“师姐”声称文具品质优良却价格低廉，建议李某和郭某可以做代理向其他新生销售，以薄利多销的方式赚取生活费，并保证一个星期后可以把不好卖的文具进行退换。李某和郭某随即购买了约8 000元的文具。可当李某和郭某发现文具质量存在问题时，这位“师姐”的电话却再也打不通了。

三、常见的街头陷阱

（一）丢包陷阱

一人“无意”丢下一包东西，被丢的包里往往装满假钞、假金银首饰，另一人上前装作是与你一起发现的，要求平分拾到的东西，并花言巧语让你得大部分，但要你拿出身上的钱或佩戴的首饰做抵押，半诱半逼进行诈骗。

（二）利用假贵重物品诈骗

骗子以假的古董、名贵药材或手机、笔记本电脑等为诱饵，谎称家里急用钱，希望低价出售，并安排一些托儿假装对货物很感兴趣，以此来诱惑你购买。

（三）吃喝陷阱

不要随便接受陌生人的食物、香烟和饮料，不要被他人盛情迷惑。

四、新型智能欺诈犯罪

近年来，日常生活中人们对手机短信、网络的依赖程度越来越高，通过手机短信和网络发布信息的速度相当快，其覆盖面也越来越宽泛。一些不法分子同样意识到了这一点。以手机短信、电信通信和互联网为载体的新型诈骗方式层出不穷、花样繁多，令人防不胜防。此类诈骗犯罪案数量呈上升趋势，并且出现境内外勾结作案的方式，加大了案件侦破的难度，给人民群众造成巨大财物损失，成为影响社会治安稳定的因素之一。

为防范此类新型智能诈骗，避免损失，以下几点需要引起我们的注意：

（1）通知亲人不要轻信陌生人的电话和手机短信，也许会有人以你在外发生意外为由，将你的亲人骗出，或以你的名义骗取财物。

（2）犯罪分子使用任意显号软件、VOIP电话等技术，冒充电信局、公安局等单位工作人员随机拨打手机、固定电话，显示国家机关的热线号码、总机号码，以受害人电话欠费、被他人盗用身份涉嫌经济犯罪或以没收受害人所有银行存款进行恫吓威胁，骗取受害人汇转资金。当你在接到来自自称是公安机关、电信局、银行等或者号码为“110”“95598”等热线短号的电话或短信时，请一定要提高警惕，因任意显号软件不支持回拨，可通过回拨的方式及时予以核实确认。

（3）犯罪分子通过建立炒股交流群和相关网站或者通过媒体广告、电话（短信）推销等形式，精心策划陷阱，以委托理财，收取服务费、咨询费、顾问费、会员费等名义，骗取股民的大量钱财。当你投资时，首先要查询此类机构和人员的业务资格；其次要小心授权，不要盲目支付会员费或授权他人代理操作账户管理及交易事项；最后可亲自去投资公司现场了解情况，通过一系列措施有效地避免财物损失。

(4)如有他人问及个人隐私，请务必谨慎。根据我国法律规定，公安、检察、法院等机关在侦办案件时，不会通过电话询问群众家中存款账户、密码等隐私情况，如果涉及案件必须查询时，办案人员必须出具工作证件及有关法律文书，到相关金融机构查询或者与可能涉案的群众当面进行询问。

虽然新型诈骗方式依靠科技手段让人真假难辨，但只要在面对骗局的时候能够冷静，克服内心贪念，谨慎理性分析实况，那就一定能够将骗局戳穿，避免遭受损失。

五、防范诈骗的基本方法

(一)知己知彼，心明眼亮

要有反诈骗意识，校园的人际交往是具有多样性的，诈骗犯罪往往在一种临时性的人际交往过程中发生。“防人之心不可无”，人际交往中要认真考察对方身份，增强防范意识，提高识别诈骗犯的能力，不被其花言巧语所蒙骗。

(二)不崇拜“名流”，防止“标签效应”的副作用

标签效应就是以名取人。有的人往往被对方的名牌大学的“教授”“记者”“导演”“顾问”等头衔所诱骗而深信不疑，不做考证，结果受骗。有不少诈骗犯就是利用这些“标签”，扮演不同的身份角色行骗。

(三)克服“第一印象”的消极影响

日常生活中人们十分注重第一印象。诈骗犯利用这一心理原理，设计骗局，刻意装扮自己，而一些学生往往被诈骗犯的仪表、风度所吸引，陷入骗局。

(四)提防求职骗局

目前职业学校的毕业生就业为双向选择，毕业生在选择分配单位时自主性强。有些学生为留在大城市就业多方寻找门路，在求职受挫时往往放松警惕，轻易相信别人；对骗子的许诺深信不疑，对骗子提出的要求也是如数照办，到头来很容易陷入不法分子设定的圈套，上当受骗。

(五)加强同学之间的信息沟通

同学之间要相互沟通，互相帮助，营造良好的同学关系。一旦遇到事情，容易从同学之间得到“参谋”意见，避免出现“当局者迷”的情况。

（六）不要轻易相信不明电话、短信的各种“幸运”通知

不要随意向陌生人泄露自己和家人的联系方式、地址、电话号码等私人信息。不要轻信电话、短信的中奖通知、求助、友人问候（图 4－3）。面对此类电话，要多质疑，多提问，是谎言总会露出端倪。

图 4－3　不要轻易相信中奖短信

第三节　抢劫、抢夺犯罪的防范与应急处理

案例

2019 年 3 月 27 日早晨，四川省雅安市宝兴县五龙乡，一名女老板被发现死在自家小卖部中，后警方将三名嫌疑人抓获，其中两人只有 15 岁，一人只有 14 岁。经审理查明，2019 年 3 月 26 日下午，被告人詹某某（作案时 14 周岁）在被害人胡某某位于宝兴县五龙乡的小卖部购买零食过程中看见其挎包内有百元面额的人民币，便邀约黄某某（作案时 15 周岁）、张某某（作案时 15 周岁）准备实施抢劫。次日 20 时许，三被告人进入胡某某店铺后，詹某某趁被害人不备将其挎包内零钱盗走，随后又与黄某某共同将被害人放倒，张某某协助，采用扼颈、捂口鼻等手段致被害人当场死亡，劫取被害人现金 400 元和手机一部后逃离。

在这场抢劫杀人案中，14 岁的主犯詹某某被判处无期徒刑，另外两名未成年人被判刑 15 年和 7 年。

一、抢劫、抢夺犯罪的概念及其特点

抢劫，是以非法占有为目的，对财物的所有人、保管人当场使用暴力、胁迫或其他方法，强行将公私财物抢走的行为。抢夺是指以非法占有为目的，乘人不备，公然夺取他人的财物，是介于盗窃罪与抢劫罪之间的一种犯罪形态。这两种不法行为严重侵害他人的人身权利，而且容易转化为凶杀、伤害、强奸等恶性案件，比盗窃和诈骗犯罪更具现实危害性。其特点如下：

(1)案发时间多为晚上，特别是校园内夜深人静、行人稀少时。

(2)案发地点多为校园内比较偏僻、人少的地段。比如树林中、远离宿舍区的教学楼周围、无灯少人的小路，正在建设中的建筑物附近。

(3)抢劫的对象多为携带贵重物品的同学或深夜在僻静处疏于防范的恋爱男女，特别是女同学。

(4)犯罪分子抢夺的目标多为现金、钱包、银行卡、手袋、首饰、手机、笔记本电脑、数码相机等贵重物品。

(5)犯罪分子对作案现场的地形通常都非常熟悉，并多携带凶器，严重威胁到受害人的人身安全。

小贴士

与抢劫、抢夺有关的法律规定

《中华人民共和国刑法》第二百六十三条：【抢劫罪】以暴力、胁迫或者其他方法抢劫公私财物的，处三年以上十年以下有期徒刑，并处罚金；有下列情形之一的，处十年以上有期徒刑、无期徒刑或者死刑，并处罚金或者没收财产：

(一)入户抢劫的；

(二)在公共交通工具上抢劫的；

(三)抢劫银行或者其他金融机构的；

(四)多次抢劫或者抢劫数额巨大的；

(五)抢劫致人重伤、死亡的；

(六)冒充军警人员抢劫的；

(七)持枪抢劫的；

(八)抢劫军用物资或者抢险、救灾、救济物资的。

抢夺罪，是中国刑法第五章侵犯财产罪中的一项罪名。

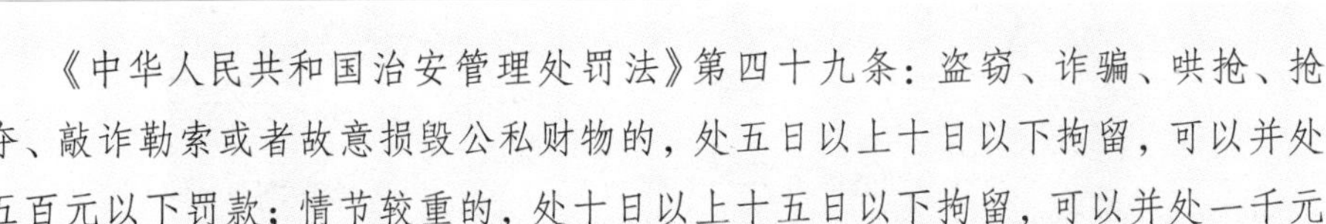

《中华人民共和国治安管理处罚法》第四十九条：盗窃、诈骗、哄抢、抢夺、敲诈勒索或者故意损毁公私财物的，处五日以上十日以下拘留，可以并处五百元以下罚款；情节较重的，处十日以上十五日以下拘留，可以并处一千元以下罚款。

《中华人民共和国刑法》第二百六十七条：【抢夺罪；抢劫罪】抢夺公私财物，数额较大的，或者多次抢夺的，处三年以下有期徒刑、拘役或者管制，并处或者单处罚金；数额巨大或者有其他严重情节的，处三年以上十年以下有期徒刑，并处罚金；数额特别巨大或者有其他特别严重情节的，处十年以上有期徒刑或者无期徒刑，并处罚金或者没收财产。

携带凶器抢夺的，依照本法第二百六十三条的规定定罪处罚。

《中华人民共和国刑法》第二百六十九条：【抢劫罪】犯盗窃、诈骗、抢夺罪，为窝藏赃物、抗拒抓捕或者毁灭罪证而当场使用暴力或者以暴力相威胁的，依照本法第二百六十三条的规定定罪处罚。

二、预防抢劫、抢夺的基本方法

（一）避免单独在偏僻地方行走、逗留

尽量避免单独一人在偏僻、灯光昏暗的地方行走，深夜经过偏僻路段，最好结伴而行，并随时观察附近环境，发现可疑人员，应立即向光亮地方和人多的地方跑，并大声呼救。

（二）避免外露钱财

不要外露或向人炫耀自己随身携带的贵重物品，平时不要随身携带大量现金，也不要携带多张银行卡和信用卡。

（三）存取现金要小心

最好选择在白天和有人陪同的情况下去银行存取大量现金，一旦遇到劫匪，不论是否被抢，都应该立即大声呼救。

（四）斜背挎包，提高警惕

路上行走要提高警惕，不要在路上边走边使用手机；装有钱包、手机等贵重物品的挎包，要斜背在远离马路那一侧的身边（图 4－4）。

图4－4　警惕路边偷盗、抢劫

(五)警惕麻醉食品和黑车

不要随便接受陌生人的食物、香烟等，防止匪徒通过麻醉方法实施抢劫。不要打摩的、黑的，对身后尾随的摩托车和机动车辆要高度警惕，防止飞车抢夺。

(六)行车在外，注意防范

开车外出，在偏僻路段发生轻微交通事故的时候，不要急于下车查看情况，应锁好车门车窗冷静观察并拨打110报警，耐心等待交警处理，防止犯罪分子故意制造交通事故实施抢劫。

(七)注意住宿安全

不要轻易让陌生人进入自己的房间，注意防范外来人员冒充维修、推销、快递、老乡等身份意图混进房间。

三、发生抢劫、抢夺的应对方法

(一)利用有利条件，伺机反击

如果遭受抢劫或抢夺，要克服恐慌情绪，冷静分析，审时度势。有制服犯罪分子可能性的话，应大胆采取反击措施。充分利用自己对环境的熟悉情况，机智、勇敢地进行周旋，出其不意，攻其不备，例如，倒地后可以抓土或者沙撒向歹徒的面部；用身边可利用的一切器材如木棍、玻璃瓶、砖头石块击打对方；用全身最大力量攻击歹徒要害部位如眼睛、

太阳穴、鼻、胯下裆部。反击时应做到“稳、狠、准”。

(二)把生命安全放在第一位

当面对穷凶极恶的犯罪分子，或人数和实力悬殊时，不要力搏，应该按照“舍财不舍命”的原则，以保护自己的生命与身体不受伤害为前提，按照犯罪分子的要求交出部分财物，记清犯罪分子的体貌特征和逃跑方向，尽可能保留一切有利于破案的线索。

(三)把握犯罪分子的心理弱点

可利用犯罪分子心理上的弱点，大声呼救，高声斥责，进行“语言反抗”，扰乱对方心理，从而达到脱险的目的。

(四)及时报案

抢劫发生后要在最短的时间内向公安机关、学校保卫部门报案。报案时要保持镇定和头脑清晰，迅速准确地说出案发时间地点、犯罪分子的特征及有关情况，为案件破获提供线索和帮助。

(五)及时追赶呼喊

犯罪分子得手后逃跑时，在保持安全距离的情况下，大声呼叫并追赶。同时充分发动周围的人进行追捕堵截。力争抓获犯罪分子或迫使犯罪分子放弃抢劫的财物。

第四节 传销犯罪的防范与应急处理

案例

陷入传销组织致死

阿志是全村人的骄傲，他是全村第一个考上大学本科的孩子，在武汉某重点院校攻读土木工程。2004 年，阿志毕业了，毕业后被分配到上海工作。可是，他对自己的工作不满意。2004 年 10 月 7 日，阿志给父亲老陈打电话说要辞职。父亲严厉批评了他，因为家里还需要供养阿志的弟弟妹妹上学，若阿志丢了工作，家里的负担会变重。父亲没有想到，这会是自己最后一次听到儿子的声音。2015 年 4 月，通过全国失踪人员 DNA 比对，民警发现，阿志已于 2004 年被人谋杀。

经警方调查，阿志辞职后，他的一个叫阿慧的同学为了分享“好东西”拉他去广州发展，结果陷入“恒天体系”的传销组织。一进组织就被关进一个出租屋，第二天，传销组织里的人便开始给阿志“上课”，也就是洗脑；而第三天，那个“家”的负责人就告诉阿慧，阿志不愿意干，回家了。经调查取证，警方确认，阿志被骗入传销组织后，在反抗的过程中，被犯罪嫌疑人王某、吴某、程某、冯某、尚某等人打死，并进行了分尸抛弃。

此案警醒大家，要时刻警惕传销组织，尤其是在人生十字路口的职校学生，应当仔细甄别工作机会、理性面对赚钱机会，千万不要因同学推荐就误入歧途，一旦进入传销组织，就会陷入泥沼。

（案例来源：中国普法公众号）

一、传销犯罪的概念及其特点

传销，是指组织者或者经营者发展人员，通过对被发展人员以其直接或者间接发展的人员数量或者销售业绩为依据计算和给付报酬，或者要求被发展人员以交纳一定费用为条件取得加入资格等方式牟取非法利益、扰乱经济秩序、影响社会稳定的行为。传销通常具有以下四个显著特点：

（一）发展上下线

经营者通过发展人员、组织网络从事无店铺经营活动，参加者之间上线从下线的营销业绩中提取报酬；先参加者从发展的下线成员所交纳的费用中获取收益，且收益数额由其加入的先后顺序决定；组织者利用后参加者所交付的部分费用支付先参加者的报酬维持运作。

（二）囤货诈钱

非法传销人员为了迅速致富，往往强迫、诱导被推荐者买一大批“货”，可以是实物，也可以是货币，或某某现金卡，或变相称资料费，其目的是为了从非法传销公司获取尽量多的收入，如奖金等。

（三）挂羊头卖狗肉

非法传销公司或者非法传销人员，往往打着合法培训会议的旗号，用“挂羊头”的方式

来卖“狗肉”。他们利用人性的弱点，利用人们想暴富的心理，极力宣扬“迅速致富”的人生道理，为了达到让新人尽快加入的目的，非法传销公司或者非法传销人员往往会炮制快速赚钱发财的故事，以及利用长时间有节奏的掌声和口号，甚至用现代声光电多媒体等技术手段来故意营造一种超出“常识”的氛围，其最终目的还是想诱使人们加入传销组织，从而获取尽量多的利益。

（四）交纳高额入门费

非法传销公司和非法传销人员的“收入”不是来源于把产品或商品销售给最终消费者后而计提的合法收入，而是来源于加入者交纳的各种“高额费用”。因此，为了诈取高额利润，传销公司就必须要收取加入者的高额费用或强迫其认购上千元甚至上万元的货物。这就是传销公司的赢利“核心”，那些种种包赚不赔的宏伟计划都是幌子，其最终目的还是想让你交钱或购物，诱其上当受骗。

由于传销组织现在已经成了过街老鼠，一些传销公司变换说法，采用加盟连锁、网络销售、框架营销等字眼，掩盖其传销本质，诱人上钩。

小贴士

与传销行为有关的法律规定

《中华人民共和国刑法》第二百二十四条之一：组织、领导以推销商品、提供服务等经营活动为名，要求参加者以缴纳费用或者购买商品、服务等方式获得加入资格，并按照一定顺序组成层级，直接或者间接以发展人员的数量作为计酬或者返利依据，引诱、胁迫参加者继续发展他人参加，骗取财物，扰乱经济社会秩序的传销活动的，处五年以下有期徒刑或者拘役，并处罚金；情节严重的，处五年以上有期徒刑，并处罚金。

案例

南京警方捣毁特大传销组织

2016年国庆节后，南京雨花台警方查到一个特大传销组织，捣毁82个传销窝点，抓获302人。

据了解，这个团伙平均年龄20多岁，其中大部分都是本科学历。据该传销组织成员贺某交代，他上研二的时候，一个朋友让他去武汉看自己正在做的大项目。到了之后，一个工作人员劝说他加入。贺某认为这是非法集资，可工作人员又告诉他，项目负责方声称用的是特殊渠道，居住的是政府给这个行业专门准备的经济保障房。听了三天课的贺某，决定加入这个项目，于是东拼西凑搞到6.98万元买到加入的资格。因为贺某在学校颇有名声，一些同学和朋友纷纷听了他的话，加入了该传销组织，陆续发展下线。

2017年7月31日，贺某被雨花台区人民检察院提起公诉。

二、传销组织利用职业学校学生的原因

一些落网的传销头目在接受审讯时供述，他们之所以把黑手伸向学生，主要是因为职业学校学生刚刚离开父母的监管，自立的意识较强，而其社会接触面又不广，思想单纯，容易轻信他人，缺乏社会经验和识别陷阱的能力，更容易上当受骗。概括起来主要有以下几方面原因：

（1）职业学校学生社会接触面不广，但对生活期望值过高，很容易被“洗脑”，上当受骗。

（2）参与传销的职业学校学生多数来自农村或贫困地区，他们急于让自己和父母脱贫，从而对传销的一夜暴富神话产生期望。

（3）传销组织的“洗脑”方法切合职业学校学生的心理需求，其谎言迎合了社会阅历浅、叛逆心理强的职业学校学生的完美幻想。

（4）个别同学理想信念有所缺失，仅凭有无短期效益来衡量一件事情是否有益。

（5）一些同学被传销组织提出的平等、互爱等口号所迷惑，对传销集体产生心理依赖。

三、如何有效抵制传销

近年来，由于职业学校毕业生就业出现一些问题，一些传销组织抓住毕业生急于就业的心理，想方设法将毕业生作为拉拢欺骗对象。因此，职业学校毕业生找工作误入传销组织的案件呈上升趋势，每年都有部分职业学校毕业生被诱骗入传销组织并被控制失去人身自由，最后需要学校和地方联动去解救。

抵制传销进校园，远离传销组织，重点需要做好以下几方面：

（1）不要相信天上掉馅饼。传销公司最常用的话是“让你在消费的同时赚钱”，这其实是谎言，消费就是消费，赚钱就是赚钱。消费不可能为消费者本人创造利润。

（2）不轻信他人介绍工作，不要感情用事。对熟人、朋友、同学甚至亲戚来电来信介

绍工作，不要随意相信。要通过各种正规渠道进行调查核实，确定其所介绍的单位性质和招聘情况，方可去应聘。因为传销组织有一个惯用的伎俩：就是利用熟人、朋友、同学甚至亲戚的关系把人骗进传销组织，令人防不胜防。

(3)就业要走正规渠道。寻找就业机会要通过学校举办的校园招聘会、政府举办的人才市场招聘会和正规的招聘网站，这样才不会受骗进传销组织。

(4)求职应聘时认真审验合同。我国劳动合同法规定，公司与个人发生劳资关系必须签订合同，合同是保证双方平等互利的必要工具。求职时，正规公司都会主动与求职者签订劳动合同。如果用人单位丝毫不谈合同，甚至拒绝签订合同，那么该公司就有违法嫌疑，就应特别警惕防范。

(5)网上应聘须谨慎。传销组织经常在网上发布虚假职位信息，以优厚的待遇引诱求职者去应聘，还安排一对一的专人去车站接送。应对这种情况，要多渠道考证再做决定，决不可盲目去应聘。

第五节　性侵害犯罪的防范与应急处理

人类正常的性生活和性关系是受到社会法律的保护的，性侵害犯罪是指违背当事人一方意志的性行为。近年来，职业学校也出现了不少性侵害的案件，严重地侵犯了受害学生的人身权利，极大地损害了受害学生的身心健康。

小贴士

性侵害行为触犯的法律条文

《中华人民共和国刑法》第二百三十六条：【强奸罪】以暴力、胁迫或者其他手段强奸妇女的，处三年以上十年以下有期徒刑。

奸淫不满十四周岁的幼女的，以强奸论，从重处罚。

强奸妇女、奸淫幼女，有下列情形之一的，处十年以上有期徒刑、无期徒刑或者死刑：

(一)强奸妇女、奸淫幼女情节恶劣的；

(二)强奸妇女、奸淫幼女多人的；

(三)在公共场所当众强奸妇女的；

(四)二人以上轮奸的；

(五)致使被害人重伤、死亡或者造成其他严重后果的。

一、性侵害的主要形式

（一）暴力式侵害

主要是指采取暴力手段，有的还携带凶器，进行威胁，对女同学进行性侵害的行为。暴力侵害的主体比较复杂，有社会上的犯罪分子混入校园进行强奸犯罪，也有些是内部人员所为。方式也不尽相同，有的是以强奸为目的，混入女生宿舍或校园内偏僻处伺机作案；也有的是本以抢劫、盗窃为目的，见有机可乘或因受害人处置不当而发展为强奸犯罪；还有的是因恋爱破裂或单相思，走向极端，发展为暴力强奸。暴力式性侵害极易发展为凶杀，对女学生威胁最大。

（二）胁迫式性侵害

一些心术不正的坏人往往利用手中的特殊权力，或以掌握受害人的个人隐私、某些错误为把柄进行要挟，或是利用受害人有求于己的处境等进行要挟、胁迫，使女性忍辱屈从，精神受强制而不敢抗拒的情况下，与女性发生非暴力胁迫的性行为。

（三）流氓滋扰式侵害

主要是指社会上的流氓结伙闯入校园，寻衅滋事，或是校内某些品行不端正人员在变态心理的驱使下，对女同学进行的各种骚扰活动。这些人对女同学的侵害方式，多为用下流语言调戏，推拉撞摸占便宜，偷看、偷拍女生沐浴等下流行为，或用卑鄙下流的手段强行搂抱、亲吻甚至撕烂女生衣裤进行调戏。如在夜间，女同学孤立无援，或处置不当等情况下，也有可能发展为暴力强奸或轮奸。

（四）社交性强奸

这种犯罪行为的主体多是受害人的相识者。因同事、同学、师生、老乡、邻居等关系与受害者本有社会交往，却利用机会或创造机会把正常的社交引向性犯罪。受害人身心受到伤害后，往往还出于各种顾虑不敢揭发。

二、易发生性侵害的地点

(一)校内

洗手间、教室、礼堂、图书馆、游泳池、宿舍、实验室以及各种偏僻幽静处。

(二)校外

公园假山、树林里，车站、码头，光线昏暗的街道、小区、小巷，立交桥下，出租屋，影院、舞厅、酒吧等公共娱乐场合。

案例

空姐深夜搭乘顺风车遇害

2018 年 5 月 5 日晚上，21 岁的空姐李某结束工作后，在郑州航空港区，通过滴滴叫了一辆顺风车赶往市里。当李某上了顺风车后，与同事发微信，说遇到了变态司机，“说我特别漂亮，特别想亲我一口”。第二天早上，其父多次拨打女儿电话未能接通。5 月 7 日下午，其父到达郑州向警方报案。5 月 8 日早上，警方在一个土坡上找到被害人遗体，被发现时，李某下半身赤裸，身上有二十多处刀伤。警方根据线索，将顺风车司机刘某列为重大嫌疑人。5 月 12 日凌晨 4 时 30 分许，警方在郑州市西三环附近一河渠内打捞出一具尸体，在随后进行的 DNA 比对中，样本特征与嫌疑人一致，确认该尸体系杀害李某的嫌疑人司机刘某。案件至此告破，却留下无限唏嘘。

三、如何防范性侵害

(一)树立正确的人生观

树立正确的世界观、人生观、价值观、荣辱观，提高自身修养和辨别能力，拒绝色情影视和书籍，将主要精力投入学习和增进同学友谊的集体活动中去。

小贴士

深夜被尾随的处理方法

深夜在路上怀疑被尾随，这时候你可以立即过马路，变换一下通道，同时利用眼角余光来获取对方信息，比如性别、身材、身高。基本上做两次“之”字形变向就可以判断对方是不是在跟踪你。然后一定要保持冷静，可以寻找附近的便利店或者停车场等有夜班值守人员的地方求助，不要和尾随者硬磕硬碰，避免造成人身伤害或生命财产损失。

（二）谨慎交友

交往中要举止大方，谨慎言语，不贪图小利，对于那些总是探询个人隐私，过分迎合奉承自己，目光和举止异样的男性，应引起警觉，尽量避免与其单独相处。不要与不熟悉的人去酒吧、歌舞厅等娱乐场合，避免饮酒。

（三）遵守校纪校规

严格遵守学校晚归规定，避免深夜滞留在外，独自行走。和陌生人接触，要提高警惕，尽可能不要与陌生男性结伴同行，不要为陌生人带路，不随便接受陌生人的宴请，不要随意接受陌生人赠送的食品和饮料，不搭乘陌生人的机动车。

（四）洁身自爱

洁身自爱，自尊自重，不去治安环境复杂的娱乐场所，抵制低俗的社会生活方式和有偿陪侍等不良活动。

四、发生性侵害的应对办法

（一）公共场合的应对

在公共场合有人用语言、神态、动作进行挑逗和冒犯，可以视而不见，让其自讨没趣，对死皮赖脸的纠缠者要严厉警告，并大声揭露其丑恶行为，求得附近行人的声援和帮助，并视情节轻重选择报警。

（二）徒手反抗的方法

在条件允许的情况下应选择积极反抗。临危不惧，寻找一切有利于自己的办法对付袭

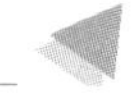

击者，反抗的手段包括防身术和正常搏斗中的抓、撕、咬、踢等简单战术，漫无目的地乱打是没有效果的，必须抓住人的要害部位，如眼睛、下体、腹股沟、肋骨等，实施狠、准、快的打击，制造脱离险境的机会。

（三）借用武器的反抗方法

适时运用反击武器。灵活运用身边的武器攻击犯罪分子要害部位，例如，伞、硬封面的书、身上的钥匙串、手提包、地上的泥沙砖块、高跟鞋跟。拳头、肘部、膝部也是可以使用的个人武器。

（四）勇敢面对，振作精神

万一遭受性侵害失身后，要勇敢面对现实，吸取教训，分清原因，正确面对，摆脱心理阴影，重新振作，同时相信法律、及时报案、记清楚犯罪分子的体貌特征，尽可能保留证据，协助公安机关调查。

第六节　防范不良借贷风险

案例

- 2016年3月9日，河南牧业经济学院2014级学生郑某因迷恋赌球，利用28名学生的身份信息，通过网络借贷从十几家贷款公司贷款58.95万元，因经济压力巨大无力偿还，选择跳楼自杀。
- 2016年6月，校园贷曝出“裸条”借贷，女学生通过网络借贷平台借贷宝，被要求“裸持”（以手持身份证的裸照为抵押）进行借款，逾期无法还款则被威胁公布裸照给家人和朋友。

（案例来源：中国普法公众号）

学生的消费能力是比较大的群体，也是不良借贷平台瞄准并实施犯罪活动的目标。

“套路贷”就是指不法分子以无抵押快速放贷为诱饵，以民间借贷为幌，诱骗或强迫他人陷入借贷圈套。通过精心设计的“套路”手段让借款人的债务在短时间内呈几何式倍增，继而通过暴力讨债、虚假诉讼等手段非法占有他人较大数额财产。

“校园贷”是部分不良网络借贷平台采取虚假宣传的方式和降低贷款门槛、隐瞒实际资费标准等手段，诱导学生过度消费。2017 年，“校园贷”因其产生的恶劣影响，已经正式叫停，但仍有不少学生深陷“校园贷”陷阱。

一、不良借贷的危害

(1)学生无力还款，造成信用记录不良，并影响正常的学习和生活。

(2)严重危及生命，破坏家庭幸福。由于学生独特的身份和不成熟的消费习惯，导致“高利贷陷阱”“裸条催收”“跳楼自杀”等极端事件的发生，造成不良社会影响。

(3)有涉黑犯罪之嫌，造成恶劣社会影响。此类案件中种种暴力逼债的方式，已经超出其合法经营的范围，而有涉黑犯罪之嫌，严重干扰和危害正常校园秩序、金融秩序和社会秩序，社会危害极大，社会影响非常恶劣。

二、不良贷款实施下套的步骤

(1)以“迅速放款”为诱饵吸引借款人，随后以行规为由，哄骗借款人签下高于所借款项一倍甚至数倍的欠条。比如借 10 万元，欠条写的却是 20 万元。此时，骗子最常见的话术是“不会真让你还这么多，按期还就没事”。

(2)刻意制造逾期陷阱。当还款日期临近，借贷公司不主动提醒借款人逾期，甚至以电话故障、系统维护为名导致借款人无法还款。然后，这些公司就以违约为名收取高额滞纳金、手续费。

(3)层层“平账”。放贷人哄骗借款人前往银行转账取款并拿走现金，留下银行流水作为证据。比如，放贷人通过银行转账给借款人 20 万元，接着让借款人取出，然后拿走其中的 10 万元，最后借款人实际到手的钱只有 10 万元，但是银行流水却显示有 20 万元进账。

(4)以“违约金”“保证金”“中介费”“服务费”“行业规矩”等各种名义骗取被害人签订虚高借款合同、阴阳借款合同、房产抵押合同等明显不利于被害人的各类合同。玩文字游戏制造各种陷阱，致使借款人违约，从而非法占有借款人财产，甚至霸占房产。

(5)与被害人进行相关口头约定，制造资金给付凭证或证据，制造各种借口单方面认定被害人“违约”并要求“偿还”虚高借款，在被害人无力“偿还”的情况下，进而通过讨债或者利用其制造的明显不利于被害人的证据向法院提起民事诉讼等各种手段向被害人或其近亲属施压，以实现侵占被害人或其近亲属合法财产的目的。

(6)通过暴力手段，或者所谓的“谈判”“协商”“调解”以及滋扰、纠缠、哄闹、聚众造势等使被害人产生心理恐惧或心理强制等“软暴力”手段索取非法债务。比如在家门口泼油漆、撬借款人家里的门、一路尾随借款人等。借款人无法社交也没有生活，只能躲躲藏藏。不少人通过这些公司借款后，原本借款金额仅为 10 万元、20 万元左右，最后都“滚雪

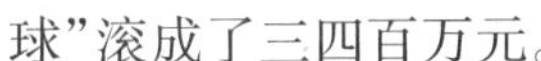

球”滚成了三四百万元。

三、不良贷款公司为何盯上学生

（1）抓住学生对社会了解不多，胆子普遍比较小，遇事害怕不敢求助他人的特点。

（2）抓住少数学生金融知识匮乏，金融监管空子，诱导学生过度消费，形成消费惯性。

四、哪些学生易陷入不良贷款

（1）有不良消费观念的。

（2）及时行乐享乐主义的。

（3）冲动消费、盲目消费、超额消费思想的。

（4）爱慕虚荣、攀比心强的。

（5）自控力差的。

五、职业学校学生如何远离不良贷款

（1）一定要理性消费。学生应根据自身经济状况合理消费，合理安排生活支出，做到量入为出、适度消费，减少情绪化消费、从众消费，拒绝过度消费、超前消费；要树立理性科学的消费观。

（2）掌握金融贷款知识，提高对金融诈骗和不良借贷的防范意识。当前金融产品层出不穷，广大学生应主动了解和学习金融知识，提高辨别合法金融服务的能力，避免被表面假象误导从而陷入困境，谨防落入欺诈陷阱。

（3）遇到困难，应主动向学校寻求帮助。学校资助政策体系可以保障家庭经济困难学生完成学业，如学习生活面临经济困难，学生应向学校提出帮助诉求，学校会积极采取措施给予资助。

（4）强化自我保护意识，维护自身权益。要提高警惕，谨慎使用个人信息，不随意填写和泄露个人信息，妥善保管身份证、银行卡。坚决不将身份证、银行卡借给他人使用。如因前期疏于防范已陷入不良网贷的困扰中，自身权益正在或者即将遭受伤害，应及时向学校报告有关情况，并寻求公安部门的介入以维护自己的合法权益。

小贴士

与借贷有关的法律规定

1.《中国民法典》禁止高利放贷

规定：禁止高利放贷，借款的利率不得违反国家有关规定。

借款合同对支付利息没有约定的，视为没有利息。

借款合同对支付利息约定不明确，当事人不能达成补充协议，按照当地或者当事人的交易方式、交易习惯、市场利率等因素确定利息；自然人之间借款的，视为没有利息。

近年来，“校园贷”“套路贷”等频发，高利贷问题引起广泛关注。民法典草案禁止高利放贷，表明了国家鼓励人们投资实体经济，助推经济高质量发展，解决因高利放贷导致的一系列社会问题。

2.《最高人民法院关于审理民间借贷案件适用法律若干问题的规定》第二十七条规定：“借据、收据、欠条等债权凭证载明的借款金额，一般认定为本金。预先在本金中扣除利息的，人民法院应当将实际出借的金额认定为本金。”

3.《最高人民法院关于审理民间借贷案件适用法律若干问题的规定》第三十条规定：“出借人与借款人既约定了逾期利率，又约定了违约金或者其他费用，出借人可以选择主张逾期利息、违约金或者其他费用，也可以一并主张，但总计超过年利率24%的部分，人民法院不予支持。”

第五章

日常生活安全

第一节　消防安全

案例一

2013 年 1 月 3 日 6 时，沈阳某学校 3 号女生寝室楼发生火灾。4 层的一间女生寝室被烧得只剩床架。火灾是由放在寝室里的“热得快”引起的。“热得快”放在书本上，连接着插线板，插线板质量差，虽已按下关闭按钮但仍然通电，早上寝室供电后，电热棒通电发热，点燃书本，引发火灾。

案例二

2012 年 5 月的一天上午 11 时 40 分，某学生寝室的窗户往外冒浓烟，被寝室管理老师发现，及时打开该寝室的门锁，进去后发现一个床位的褥子正在燃烧，寝室管理老师及时将火扑灭。

经调查得知，睡该床位的学生，早上洗头后于 7 时 28 分用电吹风吹头发，由于学校该区域用电线路检修，当日 7 时 30 分至 11 时 30 分断电，断电后，该学生未将电吹风开关关掉，插头也未拔除，直接把电吹风放在床铺上便去上课了。11 时 30 分线路检修完毕合闸通电后，电吹风处于工作状态，出风口热量过大，引燃褥子。寝室管理老师第一时间发现火灾，并及时扑灭，否则后果不堪设想。

一、学校引起火灾的成因

火灾是人们共知的一种最危险的伤害人类、毁坏财产，造成的损失也最大的灾害事故。引起学校校园内火灾的主要因素有如下。

(一)学生宿舍

(1)违反校规校纪，使用大功率电器。个别同学使用大功率电器在宿舍里烧水，例如热得快。学生宿舍是公共住宿场所，供电线路和配电设施相对薄弱，使用大功率电器极易引起电线超负荷，造成短路而发生火灾事故。

(2)寝室里乱接电线。电线、插头、插座多重连接，导致接触不良，容易产生电火花，引起火灾。

(3)违反校规使用酒精炉、煤炉等引发火灾的器具。如个别同学在宿舍里偷偷使用酒精炉做饭等。

(二)学校食堂

(1)食堂工作人员操作不当，引起火灾。

(2)易燃气体如液化气、管道煤气、天然气等引起火灾，虽然它们一般都贮于密封或管道系统中，但只要稍有跑漏或忘了关上开关都有可能酿成火灾。

(三)其他

(1)学校电路设备老化，引起火灾。

(2)实训操作不当，引起火灾。

(3)电器设备引起火灾。

(4)吸烟引起火灾。

(5)老式建筑多，先天性火灾隐患多。

(6)学校师生消防安全意识淡薄，不遵循用电用气等安全规范，引起火灾。

二、学校火灾的预防

(1)校方应提高对校园消防安全工作的重视程度。学校从上到下，从学校管理者、教师到学生，应从保持社会稳定可持续发展的角度来认识高校消防工作的重要性，从人防、技防、物防入手，加大对消防安全工作的投入。

(2)开展形式多样的消防宣传教育。提高消防安全意识和责任心，使所有师生掌握防

火、灭火、逃生的常识，自觉遵守消防安全规章制度。

(3)建立健全消防安全管理制度。在宿舍、图书馆、实训室、食堂等重点场所落实岗位消防安全责任制，做到每个岗位和场所都有专人负责消防安全，及时发现和消除火灾隐患。

(4)工作学习中严格遵守消防安全规程。使用仪器设备时，应认真检查电源、管线、火源、气源、辅助仪器设备等情况，如放置是否妥当，操作过程是否清楚等，用完后认真进行清理，如关闭电源、火源、气源、水源等。对电气线路老化等问题，制订可行的整改计划，及时加以整改。

(5)学生在宿舍不私自接拉电线，不使用大功率电器，不使用煤气炉，不吸烟。

(6)不要随意乱扔烟头。不要躺在床上或沙发上吸烟，尤其是在酒后或疲劳时。

(7)使用明火或电熨斗、电吹风等电热器具时人不要离开。室内供电线路应套管保护，要按照功率要求配置电源线和配电盘。人离开房间时，要关掉电器开关，拔下电源插头，确保电器彻底切断电源。

(8)过道里、楼梯上不要堆放物品，安全出口不要上锁。

(9)电焊、气割作业时注意通风和温度，严禁明火和排除可能产生的火花，氧气瓶和乙炔瓶必须分开5米直立。

三、灭火技术

(一)灭火基本原理

火灾过程一般分为初起、发展、猛烈、下降、熄灭五个阶段。在灭火中，要抓紧时机，正确运用灭火原理，力争将火灾扑灭在初起阶段(图5－1)。

图5－1 灭火基本原理图

(1)冷却灭火

冷却灭火将灭火剂直接喷洒在燃烧的物质上，使可燃物质的温度降到燃点以下，从而使燃烧停止。

用水冷却灭火，是扑救火灾的常用方法，用二氧化碳灭火剂则冷却效果更好。还可用水冷却建筑构件、生产装置和容器等，以防止它们受热后压力增大变形或爆炸。

(2)隔离灭火

隔离灭火是根据发生燃烧必须具备可燃物这个条件，将燃烧物与附近的可燃物隔离或分散开，使燃烧停止。

这种灭火方法，是扑救火灾比较常用的一种方法，适用于扑救各种固体、液体和气体火灾。

(3)窒息灭火

窒息灭火是根据可燃物质发生燃烧通常需要足够的空气(氧)这个条件，采取适当措施来防止空气流入燃烧区，或者用惰性气体稀释空气中氧的含量，使燃烧物质因缺乏或断绝氧而熄灭。

这种灭火方法，适用于扑救封闭性较强的空间或设备容器内的火灾。

(二)常见火灾扑灭技巧

(1)家用炉灶起火。可用灭火器直接向火源喷射，或将水倒在正燃烧的物品上，或盖上毯子后再浇一些水。火扑灭后，仍要多浇水，使其冷却，防止复燃。

(2)汽油煤气着火。第一步，迅速关掉阀门。第二步，如有灭火器，就立即用灭火器灭火。如没有，用沙土扑救，或用毛毯浸湿，覆盖在着火物体上，但千万不能浇水，否则会使浮在水面上的油继续燃烧，并随着水到处蔓延，扩大燃烧面积，危及周围安全。

(3)酒精溶液着火。可用沙土扑灭，或用浸湿的麻袋、棉被等覆盖灭火。灭火器需选抗溶性泡沫灭火器来灭火。因为普通泡沫无法在酒精表面形成隔绝空气的泡沫层。

(4)家用电器起火。电视机、微波炉等电器突然冒烟起火，第一步，应迅速拔下电源插头，切断电源，防止灭火时触电伤亡。第二步，用棉被、毛毯等不透气的物品将电器包裹起来，隔绝空气。用灭火器灭火时，灭火剂不应直接射向荧光屏等部位，防止热胀冷缩引起爆炸。

(5)衣服头发着火。衣服着火，第一步，立即离开火场。第二步，脱掉衣服。如果衣服脱不掉，就地躺倒，手护着脸面将身体滚动；或者身体贴紧墙将火压灭；或用厚重衣物裹在身上，压灭火苗；或用水直接浇灭。衣服着火 ，千万不要惊慌、乱跑，以免风助火势，使火更旺。头发着火时，应沉着、镇定，迅速用衣物或毛巾、书包等套在头上。然后浇水，将火熄灭。

（三）常用灭火器的名称和使用方法

(1)干粉灭火器(图5－2)。不导电，可扑救电气设备火灾，但不宜扑救旋转电机火灾。可扑救石油、石油产品、油漆、有机溶剂、天然气和天然气设备火灾。公司的灭火器都是干粉灭火器。

图5－2　干粉灭火器

①使用方法：见图5－3。但应注意的是，干粉灭火器在使用之前要颠倒几次，使筒内干粉松动。

手提式干粉灭火器使用方法

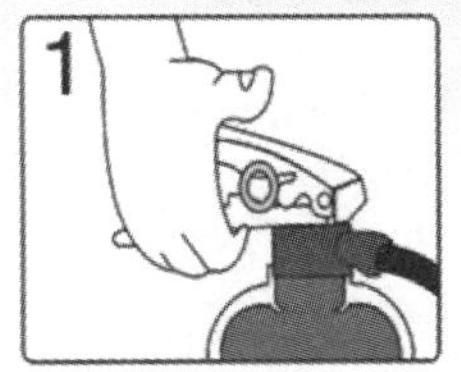

1. 提起灭火器

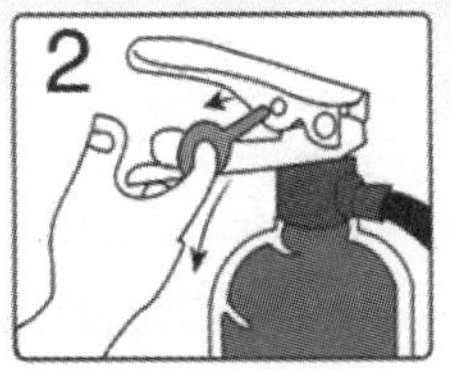

2. 拔下保险销

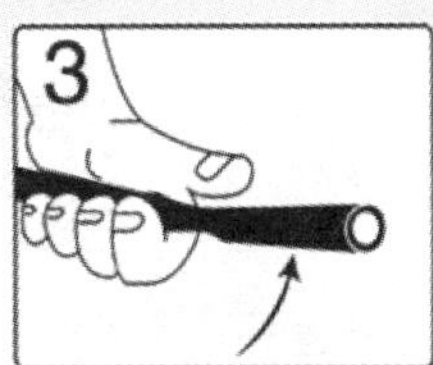

3. 握住软管

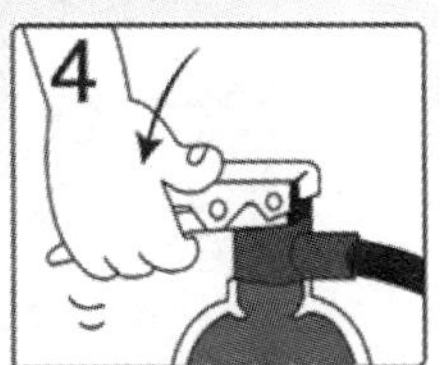

4. 对准火苗根部扫射

图5－3　手提式干粉灭火器使用方法

②注意事项：使用干粉灭火器扑救固体火灾时，应将喷嘴对准燃烧最猛烈处左右喷射，尽量使干粉均匀地喷洒在燃烧物表面，直至把火全部扑灭。因干粉冷却作用甚微，灭火后一定要防止复燃。

(2)泡沫灭火器(图5－4)。有一定导电性，扑救油类或其他易燃液体火灾。不能扑救忌水和带电物火灾。

图 5－4　泡沫灭火器

①使用方法：用手握住灭火器的提环，平稳、快捷地提往火场，不要横扛、横拿。灭火时，一手握住提环，另一手握住筒身的底部，将灭火器颠倒过来，喷嘴对准火源，用力摇晃几下，即可灭火。

②注意事项：具有一定的导电性，不可扑救忌水和带电物的火灾。

(3)二氧化碳灭火器(图 5－5)。不导电，扑救电器、精密仪器、油类和酸类火灾，不能扑救钾、钠、镁、铝物质火灾。

图 5－5　二氧化碳灭火器

①使用方法：先拔出保险销，再压合压把，将喷嘴对准火焰根部喷射。

②注意事项：使用时要尽量防止皮肤因直接接触喷筒和喷射胶管而造成冻伤。扑救电器火灾时，如果电压超过 600 伏，切记要先切断电源后再灭火。

四、火场逃生十三诀

第一诀：逃生预演，临危不乱。

第二诀：熟悉环境，暗记出口。

第三诀：通道出口，畅通无阻。

第四诀：扑灭小火，惠及他人。

第五诀：保持镇静，明辨方向，迅速撤离。

第六诀：不入险地，不贪财物。

第七诀：简易防护，捂鼻匍匐。

第八诀：善用通道，莫入电梯。

第九诀：缓慢逃生，滑绳自救。

第十诀：避难场所，固守待援。

第十一诀：缓晃轻抛，寻求援助。

第十二诀：火已及身，切勿惊跑。

第十三诀：跳楼有术，虽损求生。

五、人体被烧伤后应该怎么办

(1)迅速采取急散热法。烧伤后立刻使伤者离开热源，脱去着火的衣服，迅速用清洁的冷水、冰水浸泡或冲洗被烧伤的部位，不便浸泡的胸、背部位可用冷水浸湿毛巾进行冷敷。一般来说，小面积烧伤后用冷水浸泡的时间越早，治疗效果越好，浸泡时间应持续20～30分钟，至疼痛减轻或消失为止。

(2)保护创面，防止感染。在烧伤创面水泡已破的情况下，不能采用上述急散热法，因为冷水里的细菌会使创面感染；也不要自行涂抹紫(红)药水，以免影响医生对烧伤深度的判断，更不要涂抹未经消毒的东西。创面上起水泡时，自己不要随便将水泡刺破或剪去浮皮，也不要勉强去清除创面上附着的异物，应先用干净的白纱巾、手帕、毛巾或衣服等棉纺织品进行包扎，防止创面受感染。较大面积的深度烧伤者必须立即送医院抢救，为了防止送往医院途中创面受感染，要用清洁的布单包裹伤者的身体。天气寒冷时，还要注意保暖。

(3)口服、注射药剂。烧伤面积和深度较大时，伤者容易因为剧烈的疼痛而出现昏迷，这时应把伤者平放在床上，头部放低，脚部垫高，解开衣扣，给其嗅闻十滴水或针刺人中、百会、十宣穴；伤者如果出现呕吐现象，应将其头部歪向一侧，以免呕吐物被吸入气管或肺泡内。家里若有医务人员，可给伤者适当口服或注射止痛、镇静、抗破伤风和细菌感染的药剂，预防创面感染或出现败血症而导致伤势加重或死亡。

(4)补充盐水避免虚脱。烧伤面积和深度较大的伤者，一时难以送医院治疗时，为防止出现虚脱，可每隔 15 分钟左右给伤者喝半杯葡萄糖盐水或淡盐水。切忌给伤者喝大量的白开水或糖水，因为这样做会加重伤者皮下组织水肿。

此外，家庭急救处理还应注意观察烧伤者是否有外伤或骨折。若烧伤者有大出血的伤口，应用干净的绳带捆扎止血，每隔 15 分钟左右松开 1 次；如果肢体或手足骨折，应用夹板包扎固定；脊椎骨折的伤者，要平卧于硬板上搬运到医院。

第二节　交通安全

据资料统计，近年来，全世界每年都有几十万人因交通事故遇难，伤残 50 万人。我国每年死于车祸的人已达 7 万余人，伤残 18 万余人；平均每天死亡近 200 人，每年有近 20 万人加入残疾人的行列。那么，如何保证交通的安全？如何避免交通事故？如何充分利用交通工具，受其益而免其害呢？这里大家要把握两个基本原则：一是遵守交通规则；二是注意力高度集中。以下就步行、骑自行车、乘车等几种常见的交通方式详细介绍一下应注意的安全问题。

一、步行怎样注意交通安全

步行是人类最基本的、比较自由安全的一种交通方式，但决不能因此而麻痹大意，忽视它不安全的一面。我们要每时每刻都保持注意力，避免一些意料之外的事故发生。

(1)注意遵守行走规则，不能抢道、抢行，以免发生危险。横穿马路、铁路时，要走人行专道(马路的白色斑马线、地下通道和天桥)；遇到无人行专道或信号装置的地段时，要做到“一站、二看、三通过”，充分发挥自己的视觉、听觉作用，真正做到“眼观六路，耳听八方”。千万不要只看到一边无车便贸然横冲。

(2)对一些标有“禁止通行”“危险”字样的地域，不要漫不经心，而要做到行其所当行，止其所当止。夜行时最好备一个手电筒用以照明。

(3)徒步行走经常发生的事故是跌伤与扭伤，冬季路上经常有冰雪，所以防止摔伤尤为重要。

(4)多人步行时，不要打闹、拉扯或勾肩搭背，在人多拥挤的地方不宜久留。不要好奇围观突发的争吵。

小贴士

行人横过马路怎样注意交通安全

行人横过马路时，为保证安全，应该从人行横道上通行。由于我国目前的交通设施发展还不完善，所以在城市有许多地方应该施画人行横道线而没有施画。行人在这样的路段横过马路时，应该注意观察来往车辆的情况。具体方法是：先观察自身左侧来车的距离并估计其车速，再观察自身右侧来车（在路面另一侧）的距离，同样估计其车速，以确定按自己的正常步速是否来得及安全通过整个路面。切忌在自己感到时间不够的情况下，采取猛跑过路的方法，因为这对机动车驾驶员来说是一个“突然袭击”，没有采取相应措施的思想准备，非常容易出现意外。汽车司机从发现情况、判断应该采取的措施、开始踩刹车、汽车开始减速到汽车停住，这中间需要的距离随车速的提高而增长，即使以时速30千米计算，也大约需要17米到20米的安全距离才能把车停住。如果汽车司机发现车前突然有人横过马路，即使采取紧急措施，也很难避免发生事故。在非常宽的路面且设有安全岛的路段横过马路时，可以先通过一半路面，然后在安全岛上等待时机通过另一半路面。在不设安全岛的路面，则不宜采取此法，否则站在来往两车的夹缝中间，非常危险。

二、骑自行车怎样注意交通安全

骑自行车参与交通而发生伤亡事故，最常见的原因有这样一些：

一是骑车不注意观察和避让机动车辆，突然横穿马路。

二是骑车人转弯时不伸手示意，突然猛拐造成与身后同方向行驶车辆相撞。

三是骑车不靠边，侵占机动车道，一遇情况便会发生事故。

案例

有一群瓦工一边高唱着“妹妹你大胆地往前走”，一边占道骑行在机动车道上，此处正是一个陡坡的下坡路段，适遇后面驶来的一辆货车刹车无效，直冲而下当场撞死四人。

四是车况不好，刹车不灵，车速过快。自行车一般车速为10～12千米/时，如果车速超过15千米/时，小小的刹车皮则无法抵御强大的惯性冲击力。据计算，普通自行车以20千克自重计，人体以60千克计，行驶速度为20千米/时，若撞到一件固定物体（停止时间为0.02秒），这时自行车和人体的共同冲击力可达2.3×10^4牛，其后果是难以设想的。因此，即使在一般车速范围，如刹车不灵，或没有刹车，后果同样是严重的。

五是自行车超车，横向距离不够，造成事故。

六是中小学生由于年幼体弱，技术不良却冒险性大，常常容易肇事。

因此，如果骑车人骑车注意靠边，过街观察避让，转弯示意，做到车况好、刹车灵、车速适中，并把自行车坐垫放至一条腿能够得着地面的高度，在交通活动中的安全就有了良好的保障。

三、乘车怎样注意交通安全

（一）乘坐公共汽车怎样注意交通安全

第一，乘车时要先下后上，排队上车不要乱拥乱挤，车停稳时才能上车，不能抢车、扒车。

第二，上车后首先找个座位，没有座位时要尽量离开车门抓住车上的固定把手，切忌拽车门。

第三，乘车时不可将头或手伸出窗外，以免受到伤害。

第四，注意文明礼貌，谦让文雅，避免因上下车时发生争吵纠葛而危及自身安全。

（二）乘坐长途汽车怎样注意交通安全

人们在乘坐长途汽车时，由于乘坐时间长，颠簸不止，非常容易疲劳困倦，许多人会闭目养神，甚至迷迷糊糊地睡着。这样做其实潜伏着很大的不安全因素，一旦遇有紧急情况容易给自身带来伤害。人在头脑清醒时，即使没有思想准备，遇上意外情况，敏锐的神经反射也会在短暂的一瞬间做出自我保护的举动。如果闭目养神甚至昏睡，情况就大不一样。因为大脑皮层一旦进入抑制状态，便会全部失去“警戒”，意外事故一旦发生，人就只能被动受害，使得本可避免或减轻的伤害发生或加重。因此，比较安全的做法应该是：注意观察前方情况，用手扶握住前排靠椅或栏杆，背向后靠，脚在前面可以抵踩之处时尽可能踩住，这样，既有了抵挡惯性的用力点，又有了较大的向前冲击的空间，可以大大减轻甚至避免伤害。

（三）注意交通标志

1. 指示标志

指示标志是指示车牌、行人行进的标志，通常为蓝底、白色图案（图5－6）。

人行横道也叫“斑马线”，是专供人横穿马路的通道。人们过马路时，都应该走“斑马线”，确保安全。

人行横道

机动车道

非机动车道

图5－6　指示标志

2. 警告标志

警告标志一般是黄色三角形，是警告车辆、行人注意危险地点的标志，通常为黄底黑边图案（图5－7）。

注意信号灯

注意危险

注意行人

图5－7　警告标志

3. 禁令标志

禁令标志一般为红色，是禁止或限制车辆、行人交通行为的标志，通常为圆形白色红边、红斜杠黑色图案（图5－8）。

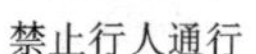

禁止行人通行

禁止非机动车进入

禁止通行

图 5-8　禁令标志

四、交通事故的处置

(一)遇见交通事故怎么办

第一，应设法报告公安交通管理部门，告知出事地点、时间、人员伤亡情况等。

第二，设法救护伤员。如果伤者神志清楚，可问清伤情；如果昏迷不醒，请求派救护车和救护人员。

第三，在交通事故的相关范围划定界限，维护好现场秩序，保护好现场原貌，不得随便进入现场范围。对现场内的有关物品、痕迹等不能随意触摸、移动，勿碰撞落地的各种碎片、地上的血迹、伤亡人员的被撞落地的物品等。

第四，尽可能地疏散行人，疏导车辆通行。必要时也可以暂时中断交通。

第五，主动向到来的交通民警提供耳闻目睹的情况。

(二)怎样防范交通肇事逃逸

1. 通过识记车牌号防范交通肇事逃逸

交通安全已成为当今人们最为关注的焦点之一，尤其是人身交通安全，更是与每一位公民和每一个家庭休戚相关。为了加强公民的交通防范意识，不让交通肇事逃逸者逍遥法外。

只要能够将车型、颜色、牌号记下，并迅速向有关交通大队或公安部门报告，这些管理部门就能很快找到该车的主人。公民掌握迅速识别机动车牌标注的知识，对个人安全和家庭安全以及在维护社会交通安全秩序方面将起着积极作用。

2. 通过识记车型防范交通肇事逃逸

任何一辆机动车，均有各自的明显特征，例如是卡车还是轿车，是进口车还是国产

车，是深色还是浅色，是名牌车还是改装车等，均可作为识记的主要特征。尤其是在来不及记下或看不清车牌号时，对车型的熟悉和识记，能为破获交通肇事逃逸案提供极大的帮助和可靠的证据。随着改革开放的进行，如今在大街小巷中行驶的机动车可谓品牌繁多。一旦发生交通事故，肇事车辆如果逃逸，现场目击者最迅速也最容易做的，便是记下车型和车身颜色，如果平时注意观察车辆，更可以记下车辆的品牌甚至型号。当然，这种功夫是靠日积月累练就的。

第三节　用电安全

案例

案例一：2006 年 7 月 3 日，某公司注塑机操作工杨某打件时，打不满模，便找工艺员赵某。赵某判断是设备喷嘴堵塞，便告诉杨某卸喷嘴。按规定：拆卸喷嘴必须关闭总电源并由专业维修工操作。在没有按规定关闭总电源的情况下，杨某自行将加热圈拆卸，结果管钳碰到线圈电源线，杨某触电倒地，经抢救无效死亡。

案例二：2007 年 8 月 23 日，某公司注塑车间工艺员王某在调试注塑模具时，因注塑机旁工作台照明灯电源线长期磨损漏电，电源线磨损漏电处与工作台铁架接触，王某手抓工作台铁架擦拭模具时，被电击倒，经抢救无效死亡。

电能是一种方便的能源，有力地推动了人类社会的发展，改善了人类的生活。但是，随着电器设备的普遍使用，在生产和生活中如果不注意安全用电，同时也会给我们的生活带来不小的危害。例如，触电可造成人身伤亡，设备漏电产生的电火花可能引发火灾、爆炸，高频用电设备可产生电磁污染等。

一、实训和工作中用电安全防范措施

在实训和工作中，应注意以下用电规程，确保用电安全。

(1)各类工作人员必须严守用电安全规程，须知每条规程都是用鲜血和生命换来

的。实训和工作中发现故障或有疑惑须迅速断开电源开关。

(2)设备必须做定期检查、测试及保养，确保其安全。非注册电业工程人员，请勿自行修理电器或接驳电线。

(3)切勿使用不合规格的万能插头或接线板。

(4)切勿用湿手接触任何电器、插座或开关。

(5)切勿使电器软电线接触高温物体。

(6)确保电器四周有足够空间让空气流通，以免电器过热。

(7)外出时尽可能关掉电器电源，尤其是关掉大负荷电器电源。

(8)若电器停止使用一段时间，应拔掉插头。

(9)若使用电器时发现不正常或过热，应立即关掉电源、停止使用或安排有资质人员检验与维修。

(10)遇到一头落在地上的电线，万万不可往电线上洒水，因为水是导电的。一定要绕行，因为可能是高压线。

(11)使用有金属外壳的用电器时，注意金属外壳必须接地，常用的有金属外壳的电器必须用三相插头，做到金属外壳接地线。

(12)检修电路时应切断电源，并在电源开关处挂警示牌。挂警示牌很重要，因为操作者工作处远离电源，如果他人不了解情况，接通电源，操作者容易因触电发生生命危险。

二、生活用电安全防范措施

(1)不要用湿手触摸电器和电源(图 5 - 9)。高温天不要用手去移动台扇、洗衣机等正在运转的家用电器，因为高温季节，人出汗多，手经常是湿的，而汗是导电的，如需搬动，应先关上开关，拔去电源。

图 5 - 9　不要用湿手触摸电器和电源

(2)不慎家中浸水，要首先切断电源。在切断电源后，将可能浸水的家用电器搬移到不浸水的地方，以防止绝缘浸水受潮，影响今后使用。

(3)不要赤手赤脚去修理家中带电的线路或设备，如必须带电修理，应穿鞋并戴干净和干燥的布手套。

(4)电器使用完应立即断电。电器使用完毕后应拔掉电源插头(图5-10)，以防止电线的绝缘层受损造成触电。电线的绝缘皮剥落，要及时更换新线或者用绝缘胶布包好。

(5)电脑或电视开始冒烟或起火时，马上拔掉电源插头或关闭电源总开关，然后用湿毛毯或棉被等盖住电脑。切勿揭起覆盖物观看，切勿向失火电脑泼水，即使已经关闭电脑电源。

(6)雷雨天气时，事先将室内电器关掉，拔掉插头、电话线，雷雨过程中，不要接触电源开关和用电设备，不宜使用太阳能热水器。

(7)不得多个电器连接同一个插板(图5-11)。不要让多个大功率电器同时放在一个插线板上，否则很可能会使插线板超负荷而引发火灾。

图5-10　使有完毕后拔出插头

图5-11　不要多个电器连接同一个插板

三、触电的应急处理方法

(一)触电急救原则

发现有人触电，首先要尽快使触电者脱离电源，然后根据触电者的具体症状进行对症施救。触电急救的要点是动作迅速，救护得法，切不可惊慌失措，束手无策。要贯彻“迅速、就地、正确、坚持”的触电急救方针。

(二)脱离电源的方法

(1)将出事附近电源开关关掉，或将电源插头拔掉，以切断电源。

(2)用干燥的绝缘木棒、竹竿、布带等物将电源线从触电者身上拨离或者将触电者拨离电源。

(3)必要时可用绝缘工具(如带有绝缘柄的电工钳、木柄斧头以及锄头)切断电源线。

(4)救护人员可戴上手套或在手上包缠干燥的衣服、围巾、帽子等绝缘物品拖拽触电者，使之脱离电源。

(5)如果触电者由于痉挛手指紧握导线缠绕在身上，救护人可先用干燥的木板塞进触电者身下使其与地绝缘来隔断入地电流，然后再采取其他办法把电源切断。

(6)如果触电者触及断落在地上的带电高压导线，且尚未确定线路无电之前，救护人员不可进入断线落地点 10 米之内的范围，以防止跨步电压触电。进入该范围的救护人员应穿上绝缘靴或临时双脚并拢跳跃地接近触电者。触电者脱离带电导线后应迅速将其带至 10 米以外立即开始触电急救。只有在确定线路已经无电的情况下，才可在触电者离开触电导线后就地急救。

(7)夜间发生触电事故时，应考虑切断电源后的临时照明问题，以利救护。

(8)对触电“假死”者的急救措施

如果触电者伤势非常严重，呼吸和心跳都已停止，对触电者应立即就地采用胸外心脏按压法和口对口人工呼吸法进行抢救。有时应根据具体情况，采用摇臂压胸呼吸法进行抢救。

第四节　网络安全

一、信息安全与风险防范

当今世界，以互联网为代表的信息技术日新月异，对人类社会的发展进程产生深刻影响。为职业学校学生获取信息、定向搜索、休闲娱乐、高效工作、优化生活、思考、奋斗提供了越来越多的便利。同时，网络安全问题也相伴而生，侵害个人隐私、网络攻击、网络监听、网络恐怖主义、网络诈骗等问题成了学生安全、管理、道德等的挑战。

(一)网络不良信息对职业学校学生的侵害

截至2019年12月，中国互联网用户达9.07亿人。上网用户中，青少年是主体，其中19～29岁群体互联网使用率保持高速增长，已接近高位。青少年作为一个庞大的网络使用群体，其数量和增长速度都大大超出了人们的想象。网络是一个信息的宝库，也是一个信息的垃圾场。当前，有些外部势力通过网络进行意识形态渗透，宣扬所推崇的价值理念，鼓噪“网络自由”，攻击我国的政治制度和发展模式，使部分职业学校学生在网络中迷失方向，对事物失去观察、分析和判断能力。给网络不良信息侵害职业学校学生以可乘之机。网络不良信息主要包括不良政治信息和黄赌毒等信息两大类。

1.不良政治信息对学生的侵害

(1)黑色信息。“黑色信息”是指投递使社会政治、经济、组织混乱的信息，包括宣扬邪教、封建迷信以及反动等信息。一些非法组织利用传统监控对网络信息监控的漏洞及局限，通过互联网发布危害国家安全的信息，蛊惑人心。我国职业学校学生的年龄一般在14～20岁，精力旺盛，思维敏捷，但缺乏稳定性，心理发展还不够成熟，个体情绪随个人的好恶而变化剧烈，社会经验少，政治敏感度低，很容易成为敌对分子利用的工具。

(2)灰色信息。少数别有用心的人利用网络传播速度快、浏览者多、影响面广、不易控制的特点，将网络作为其发泄所谓牢骚和不满的场所，通过微信、微博、QQ在网上发布各种“灰色信息”，混淆视听和思想。面对这些信息，青少年往往会表现情绪化的倾向，或者慷慨激昂，或者悲观失望，很少能够做出全面的理性的分析，产生负面影响。

(3)暴力文化。暴力文化是指坚持有助于暴力行为发生的行为规范的亚文化。互联网信息的传播，打破了原有国家、地域和社会制度的约束。夹杂境内外暴力文化物质的影碟、游戏软件通过电脑和网络有声、有色地传输给了青少年。例如充斥血淋淋暴力网络游戏、实施各种暴力犯罪的手段等。这一些对缺乏理性认识的青少年来说，误导和伤害是非常大的，容易模糊游戏与现实的界限，制造现实暴力，导致暴力犯罪。

(4)引发社会震荡。如“网络大V”秦某为谋取私利，发布了3000多条谣言，其中针对动车事故的谣言在两个小时内被转发1.2万次。这些谣言破坏政府公信力，危害极大。

(5)文化扩张和文化侵略。以美国为首的少数国家推行网络空间霸权，掌握了国际互联网信息资源的绝对控制权，形成了网上信息的垄断和倾销。这实质就是文化侵略，那些附着西方价值形态的信息大量流入互联网。而职业学校的学生对传统文化知之甚少，文化免疫力、识别能力差，很容易受到外来文化的影响。

2. 黄赌毒等信息对学生的侵害

黄赌毒是世界性的社会痼疾。这些古老的丑恶现象被境内外不法分子通过网络平台的传播而形成网络环境下的一种社会病。黄色信息，也称色情信息，它的表现形式往往是一些人体裸露甚至性爱的画面，内容淫秽不堪。色情信息是网络不良信息中最具危害性的内容之一，严重破坏了我国文化传统和伦理道德。赌博源于人类对金钱的贪婪，利用赌具以钱财作赌注，以占有他人利益为目的的违法犯罪行为。

曾给中国人带来“三千年未有之祸”的毒品问题是一个严重的世界政治问题。不仅能成为境外势力征服一个民族的武器，而且极有可能集人类政治遗产中最丑恶的内容，形成 独裁政治和纳粹政治，从而给世界带来更大的灾难。

职业学校的学生一旦和“黄赌毒”沾上边，轻则违反校纪校规，重则触犯法律，对自己、对他人、对家庭、对社会都将造成严重的危害。

（1）荒废学业

好色、嗜赌、迷恋毒品是由人的消极成瘾性导致的。在人的生命过程中，常常在心理和生理的某种尝试中产生愉悦反应，这种反应的多次重复，就形成了对愉悦刺激补偿的渴求，渴求带来刺激的不断强化，于是就形成了对这种刺激的依赖，即成瘾性。而一旦有学生触碰“黄赌毒”，那么轻者终日心神不定、精神萎靡不振，重者沉湎其中而不能自拔，无心学习，从而荒废学业。

（2）伤害身心

职业学校的学生年龄一般在 14 ~ 20 岁之间，正是生长发育黄金年龄段，性意识正朦胧与觉醒。如果整日被欲望带动，会大大消耗身体，极不利于健康生长。在得不到满足下，还很容易形成心理障碍或心理疾病。特别是性行为，还可能染上性病。经常赌博的人常常废寝忘食，保持高度集中的紧张状态，嗜赌成性，呈现病态心理。毒品是“幽灵”“瘟疫”“魔鬼”，一吸上，极易成瘾很难戒掉，会出现烦躁不安、失眠、疲乏、精神不振、腹痛、腹泻、呕吐等症状，特别是有些吸毒者使用不洁净的针头、器具注射毒品时，就为艾滋病的传播提供了通道。吸毒不仅学业荒废，对自己、对家庭都会造成巨大损失。云南某学校学生戴某，在社会上结交了一些一起吸食和注射毒品的不三不四朋友，戴某在他们的怂恿下，好奇地也学着吸毒，久而久之，用量越来越大，成了瘾，他们之间还混用注射针，染上了性病。

（3）污染校园风气和社会风气

毒害信息还包括一些宣传暴力、血腥和恐怖的信息。它往往以一些非法游戏为载体，宣传一些复仇、凶杀等血淋淋的场面，内容刺激，对学生网民有极大的吸引力，甚至效仿，从而走上了不归路。网络时代为黄赌毒成为地下规模经济、产业化提供了可供依附的最佳工具，黄赌毒不良信息依附于网络作为传播、实现途径，增加了其隐蔽性，因

而也更容易蒙混过关。由于互联网缺乏有效的监管，致使淫秽、色情、暴力等丑恶的内容在网上屡见不鲜。处于青春萌动的学生，自制力较弱，抵御网络诱惑能力较差，极有可能深陷其中、不能自拔。严重污染校园风气和社会风气。

（4）诱发犯罪

成瘾性是生命的“双刃剑”，积极的成瘾性，如对科学、艺术等的迷恋，能将人类的智慧和理性推向文明的巅峰，让人类成为万物之灵；消极的成瘾性，如对黄赌毒的沉迷，则能将人性的弱点和非理性推向反文明的魔窟，让人堕落为丑恶的无耻之徒。如赌博的学生往往是赢了之后想再赢，输了之后想捞本，越陷越深。而学生没有经济来源，要么向家里要，要么向同学借，时间一长，缺赌资。而涉黄者，需要黄资，吸毒者需要毒资。当缺资时，学生势必围绕上述犯罪引发新的犯罪。

 **案例**

- 盗窃罪——北京一学生因赌博输了钱，经常进行盗窃，赃款达到8万余元。
- 抢劫罪、杀人罪——某学校学生因赌博输了钱，纠集同龄人将另一个赌徒的300元钱劫走，又将其致伤而死。
- 抢夺罪——某学校学生张某，因为赌博输了钱，光天化日之下从银行柜台抢夺现金6700元。
- 强奸罪——职业学校学生刘某难耐寂寞，独自去网吧“包夜”上网，其间浏览了淫秽网站，夜深人静时，处于亢奋中的他将魔爪伸向过路女青年……区检察院以涉嫌强奸罪，批准逮捕刘某。

（二）职业学校学生预防网络不良信息的侵害

职业学校学生正处塑造世界观、人生观和价值观的重要时期，极容易受到网络上低级媚俗的信息侵蚀。加强学生网络安全教育，掌握上网安全策略势在必行。

1. 抵御网上不良信息侵害的方法

加强对网络信息的辨别能力，避免网络不良信息对学生的侵害，主要方法如下：

（1）安装“网络防火墙”等比较成熟的网络软件。

（2）对IE浏览器进行分级审查设置。

（3）学会使用“360安全卫士”等工具软件。

(4)浏览网页时，不要去点击广告窗口。

(5)坚信“天下没有免费的午餐”，对于网络中“送大礼”“点击挣美元”等诱惑要保持 清醒的头脑，不上当、不点击。

(6)在打开网站时，自动弹开的一些广告窗口，应及时关闭。

做到上述要求，即可以有效抵御一些不良信息的侵扰。

2. 记住对自己有帮助的常用网址

学生利用自己的电脑上网时，可以利用收藏夹便捷地收藏对自己有帮助的一些网址；学生在网吧上网时，可以利用邮箱记录对自己有帮助的网址，以便在下次能方便快捷地查找到这些网页。同时，班主任可以组织学生开展一次以网址为主题的班会，让学生了解哪些网址对学习、工作比较有益，讨论这些网址都有哪些方面的信息，如何利用这些信息等，通过讨论引导学生关注那些健康、积极、帮助学生成长成才的网址。

3. 利用可以信赖的搜索引擎

利用搜索引擎可以有效地搜索到需求信息，达到事半功倍之效，因此，学生一定要掌握一些常用的搜索引擎。利用各种搜索引擎找到未知网址的信息相当容易，利用浏览器的历史记忆功能可以在公用电脑上找到以前阅览过的信息，还可以利用 RSS 订阅或 IE 的收藏同步功能让新信息自动出现。

4. 不安装不成熟的软件

有些网络不良信息会附带在某些软件上，只要安装了此种软件，在使用时便会出现大量的不良信息，学生必须警惕此类不良软件。对一些不成熟的、存在风险的软件建议不要安装，以免夹杂病毒危害电脑系统。上网注册填信息时，尽量不要公布自己的电话、单位、邮箱等私密信息，避免垃圾邮件、垃圾短信等不良信息的侵扰。

5. 加强电脑、网络系统防护

对于个人电脑，建议定期使用正版防病毒软件杀毒检测并且及时将其升级更新，防止黑客程序侵入个人电脑系统。

6. 文明上网，不造谣、不信谣、不传谣

(1)树立法律意识，严格遵守互联网法律法规，坚决切断网络谣言传播链。

(2)增强社会责任感，强化道德正义感，站稳立场、明辨是非，文明上网，不造谣、不信谣、不传谣，不随意为不明真相的信息点赞。

(3)从自身做起，在主观思想上建立一道防线，抵制网络上反动、腐朽、不健康的内

容。

（4）努力学习网络知识、技能，提高操作水平，自觉维护网络安全，建设网络文明，勇做倡导和维护网络安全先锋。

案例

编造虚假信息被刑拘

2020年6月，广东省广州市一小学生家长在微博中举报其女儿的班主任体罚学生致吐血一事，引发广泛关注。然而，很快事情发生了反转。广州市白云区公安分局通报称，经调查取证，发帖人刘某故意编造虚假信息，通过注册微博、微信账号方式冒用其他家长身份恶意散布传播，并雇请人员进行网络炒作，从而达到迫使学校开除涉事老师、索要赔偿等目的。目前警方已立案侦查，并依法对刘某采取刑事拘留强制措施。

（案例来源：法制日报公众号）

小贴士

全国青少年网络文明公约

共青团中央、教育部等8个单位于2001年11月22日联合召开网上发布会，向社会正式发布了《全国青少年网络文明公约》，明确提出了青少年应遵守的网络文明规范：

要善于网上学习，不浏览不良信息；

要诚实友好交流，不侮辱欺诈他人；

要尊重他人隐私，不散布虚假言论；

要恪守网络道德，不扮演黑客角色；

要增强自护意识，不随意约会网友；

要增强辨别能力，不轻信网上流言；

要维护网络安全，不破坏网络秩序；

要有益身心健康，不沉溺虚拟时空。

二、提防网络陷阱

(一)网络成瘾

职业学校学生小志沉迷于网络游戏与网络聊天，经常逃学泡在网吧，成绩一落千丈。在父母、老师和同学的帮助下，他戒除了网瘾，重返校园，刻苦学习，在全国技能大赛中获得一等奖，并被保送到一所本科院校继续学习。

案例二

职业学校学生小波本是班上的优等生，一天，他在同学的带领下到网吧上网，网上丰富的内容让他感觉仿佛进入了一个乐园，网络游戏更像黑洞一样吸引着他。为了筹集上网费用，他偷了父母3000多元钱，还组织他人抢劫出租车，最后被警方抓获，等待他的将是法律的严惩。

1. 网络成瘾的症状

网络成瘾是由于反复、过度使用网络而导致的一种慢性或周期性着迷状态，并且带来难以抗拒的再度使用欲望，同时对上网一直有生理及心理依赖。有时明知有危害性仍固执使用网络，难以停止。

美国学者诊断网络成瘾的10条标准：①下网后总是不忘网事；②不满足上网时间；③无法控制上网的冲动；④一旦减少上网时间就会烦躁不安；⑤总是想借助于网络缓解压力；⑥视上网比学业更重要；⑦为上网而不惜失去重要的人际交往和工作；⑧不惜支付巨额网费；⑨不愿向亲友吐露频频上网的真相；⑩下网后有焦虑、失落感；只要满足以上10条中的5条，就可以诊断为网络成瘾。

网络成瘾可以分为：网络色情成瘾；网络交际成瘾；网络信息成瘾；计算机成瘾；网络强迫行为。

2. 网络成瘾的危害

学生网络成瘾的危害主要有：

（1）危害学生的身心健康。因为长时间上网，会引发焦虑症、忧郁症、自闭症。同时容易使人的生物钟遭到破坏，人的新陈代谢出问题，出现食欲不振、头昏眼花、情绪低落现象，甚至出现神经紊乱、免疫功能降低引发心血管疾病等。

（2）导致学习兴趣下降。沉迷于网络的人，会用原本属于学习的时间用来无节制的上网，而成为一种心理依赖，容易出现厌学、逃课等现象。

（3）导致人际交往能力下降。痴迷于网络的人，会把虚拟的网络世界当成真实的现实世界，在网络中充分张扬个性，获得心理满足，而拒绝现实社会。

（4）导致道德意识、法律意识弱化。网络里充斥着暴力、色情信息，学生如果不防范，容易在网络游戏和暴力、色情网站中迷失自己，弱化道德意识，甚至走上违法犯罪的道路。

（5）导致人生观、价值观扭曲。网络内容复杂，良莠不齐，不同意识形态、价值观念的信息杂陈于网上，容易使辨别力较弱的网瘾者出现人生观、价值观扭曲错位。

3. 网络成瘾的预防和治疗

（1）网络成瘾的预防

①正确认识网络，明确上网目的。对于职业学校学生来说，网络是生活、学习的一种辅助工具，上网的目的应该是借助网络进行更有效的学习、休闲与娱乐，不能主次不分，影响正常的生活与学习。

②利用学校防控学生网络成瘾的主阵场，针对学生的身心发展特点，提高课堂教学的趣味性，组织丰富多彩的文化、艺术、技能活动，通过各种活动增强学生之间的互动，分散对网络的依赖性，引导学生树立良好的网络观，对有网瘾的学生，进行心理辅导和心理治疗；

③家长多与孩子沟通，了解孩子的理想和兴趣，与孩子平等相处，引导孩子合理利用互联网，一起培养共同的爱好与兴趣，享受一起活动的乐趣与幸福，减少对网络的依赖。

④树立自控能力，合理安排上网时间，养成良好的上网习惯，规定每天上网时间不超过 2 小时。

⑤树立远大的理想与目标。“道虽迩，不行不至，事虽小，不为不成。”职业学校的学生一旦有志向、理想，并为志向与理想付出行动，那么也就不会沉迷网络了。

（2）干预学生网络心理行为

①加强对学生的精神关怀。

网瘾者长期沉溺于网络不能自拔，情绪低落、举止失态，甚至产生心理疾病。这些学生更需要我们关心。我们可以多倾听学生的心声，理解学生的喜怒哀乐，关心学生的日常生活，经常与学生聊他们感兴趣的话题，分析学生的现状，把沉迷网络的利弊讲得入情入理，将他们的求知欲引导到正常的轨道上来。帮助患有不同程度“网络沉溺症”的学生尽快走出困境，回到正常的生活与学习中来。

②开展丰富多彩的课外活动。

学校经常性地开展各种文体活动，针对学生的特长与兴趣，长期举办各种特色活动及特色活动培训班，组织兴趣小组，积极鼓励有网瘾的学生参加各种形式的文体活动和社会实践活动。健康、和谐、丰富的学生活动有利于增强人与人之间的感情，有利于化解个别同学的孤僻、以自我为中心等不良心理倾向，让每一个学生融入各种集体活动中，不使学生沉迷于网络。

③在家庭和学校建立起有意义的监控系统。

学校有意识地控制爱上网的学生的作息时间，家长主动和老师、班长或同班同学联系，了解自己孩子的学习、生活、精神状况，以便及时协助老师纠正学生的不良生活、学习习惯，为学生构建一个良好的外部环境。

（二）网络游戏

1. 沉迷网络游戏的危害

（1）危害身体健康。网络游戏对于青少年的吸引度是极高的，甚至出现长时间沉迷其中，出现精神衰弱甚至“疲劳猝死”和“脑死亡”的现象。

（2）影响心理健康。长期沉迷网络游戏，容易形成“游戏脑”心理疾病，感情控制能力变差。容易突然发怒，产生暴力倾向。还有些长期打网络游戏，不愿意与人交流，将自己置身于虚幻之中，产生自闭倾向，与社会格格不入。

（3）人格异化。网络游戏的内容大多是“暴力、凶杀、色情”，长期玩这些游戏，容易使人道德认知模糊，行为越轨，甚至导致走向违法犯罪道路。

（4）反社会倾向。网络游戏的虚拟性、隐蔽性和交互性，使青少年在网络游戏中能够随心所欲地宣泄自己的情感，做出现实社会规范所不允许的事情。遇到现实问题首先想到游戏中的规则，无视社会规范和社会习俗，最终形成反社会倾向。

2. 对沉迷网络游戏的防范

（1）树立良好的世界观、人生观。人生不是游戏，游戏也不是人生。网络游戏不是人生的理想和目标，只是调节生活的手段和方式，游戏与人生不能混为一谈。

（2）培养良好的兴趣和爱好。积极参加有益于身心健康的体育活动和文艺活动，多方位培养自己的爱好与兴趣，丰富文化生活。

（3）培养良好的人际关系。积极融入各种集体活动中去，增进与同学之间的感情，化解孤僻、以自我为中心的不良心理倾向，感受集体生活的温暖。

(4)培养良好的生活态度。合理安排自己的业余生活和休闲生活，与朋友、同学一起多走进大自然，在自然中放松身心。

(三)网络交友陷阱

在压力极大的现实社会中，因网络的虚拟性，很容易缩短人与人之间沟通的距离，网友与网恋应运而生，青少年通过QQ聊天交友、博客交友、论坛交友、聊天室交友、微信交友，还有专业的网站交友，在虚拟的世界里寻求心灵的慰藉或得到情绪的宣泄，在现实中说不出的话在网络上与陌生的网友尽情地说出来，不管对方是什么样的人。有些不法分子，抓住青少年心理脆弱及心理需要，利用交友平台，以网友或网恋诈骗受害人，实施诈骗、抢劫，甚至人身伤害。因此，职业学校的学生要树立正确的交友观和恋爱观，不要沉迷于网络，预防网络交友陷阱，以免被不法分子利用。

(1)增强自我防护意识，不要告诉不熟悉的网友自己的真实姓名、电话号码、学校名称、家庭情况等。对那些试图得到你私人信息的网友要保持警惕，不要轻易相信网友提供的任何信息。

(2)对谈话低俗的网友，不要反驳或回答，以沉默的方式对待。

(3)不要在网上论坛、网上公告栏、聊天室公布自己的个人信息。

(4)不要轻易与网友见面。

(5)若遭遇网友性骚扰或侵犯，不要隐瞒真相，应立即向老师、家长汇报，严重的应向公安机关报案。

(四)网络诈骗和网络盗窃

近年来，一些不法分子利用互联网虚拟事实或隐瞒事实真相实施诈骗、盗窃的案例越来越多，手段与花样也越来越多。

(1)以低价商品为诱饵，诱使消费者扫描植入有病毒的二维码，盗取用户的信息；

(2)以“退款”等为由，诱骗用户提供姓名、银行卡号、身份证号等信息；

(3)以“人人中大奖”为由，一步步设坑；

(4)利用快递单、飞机票、火车票、保险单、办理银行业务等的单据，盗取用户信息；

(5)利用网上支付、网上银行等网络后台，制作“钓鱼网站”，在用户下载了植入恶意程序的软件后，盗取钱财；

(6)利用二手手机盗取信息；

(7)以某种商业机会、培训、中介机构、补助等诱使用户提交个人详细信息。

网络盗窃和网络诈骗的最大目的就是为了获取利益，获取钱财。盗窃和诈骗一旦成功，受害者将会造成巨大的经济损失，而且，诈骗者除了诈骗钱财外，还会顺带实施人口拐卖等勾当，导致人身安全受到重大威胁。

防范网络诈骗和网络盗窃的注意事项：

(1)尽量选择正规、大型的网站购物，并仔细检查网址，谨防“钓鱼网站”；

(2)不轻易接收和安装不明软件，不随便点击聊天中对方所发来的链接；

(3)不随便乱丢乱放包含个人信息的票据，包括火车票、快递单等，不用的单据应该直接处理掉；

(4)不随便用公共场所的 WiFi，尽量使用流量以确保网上支付安全；

(5)下载手机应用程序应在正规的应用商店中下载；

(6)不要随意丢弃或者处理旧手机，防止隐私泄露；

(7)不要随意在陌生的场合、平台留下个人重要信息，尤其是不要随意留下身份证号码；

(8)在与没有见面的网友聊天时，不要随意将个人信息透露给对方；

(9)身份证等证件复印时一定要写明用途，防止被不法分子利用。

第五节　食品安全

一、食物中毒的主要类别

简单地说，食物中毒就是吃了含有有毒物质的食物或误食有毒有害物质后出现的一类非传染性的急性疾病。

根据有毒物质的不同性质，一般将食物中毒分为四类，包括：细菌性食物中毒；真菌性食物中毒；植物性、动物性食物中毒；化学性食物中毒。

(一)细菌性食物中毒

细菌性食物中毒是指由于进食被细菌或其细菌毒素所污染的食物而引起的疾病，是食物中毒中最常发生的一类，我国每年发生的细菌性食物中毒事件占食物中毒事件总数的 30% ~90% ，中毒人数占食物中毒总人数的 60% ~90% 。

1. 细菌性食物中毒的典型特征

(1)多发生在夏秋天气炎热季节。

(2)一般发病呈群体性，有时是一家人，尤其是发生在集体食堂者多见。

(3)发病者与食用同一污染食物有关，而未食污染食物者不发病。

(4)不传染。

(5)潜伏期短。

(6)除肉毒毒素中毒，病程一般较短，多数在2～3天内恢复，愈后一般较好。

2. 细菌污染食品的主要途径

(1)食品原料在采集、加工之前就已经被细菌污染。例如病死的牲畜大多已被细菌污染。

(2)食品在生产、储存、运输、销售过程中被细菌污染，这是细菌污染食品最多的一些环节。

(3)直接接触食品的人没有注意个人卫生，或自身带菌，从而造成对食品的人为污染。

(4)食物(特别是肉食)没有烧熟煮透，生熟食品用具没有分开，剩余食品没有及时低温储藏。

3. 细菌性食物中毒的预防原则

细菌性食物中毒多发生于夏秋季节，这个季节是细菌最适宜生长繁殖的季节。

防范细菌“惹祸”，我们要养成良好的饮食卫生习惯，做到：

(1)选择新鲜的食品，不吃腐败、变质或霉变的食物；

(2)不生吃海产品，烹调鱼、肉等食品时要烧熟煮透；

(3)立即吃掉做熟的食品，放置时间越长，危险性越大；

(4)如需储藏食品，最好是冷藏，储藏食品食用前要再加热；

(5)避免生食与熟食接触，生、熟食品用具要分开使用；

(6)凉拌菜最好是吃多少做多少，吃剩的凉拌菜不要再食用；

(7)不要从不法商贩手中购买食品，不要到路边摊就餐或购买盒饭；

(8)讲究个人卫生，勤洗手。

(二)真菌性食物中毒

真菌在谷物或其他食品中生长繁殖产生有毒的代谢产物，人和动物食入这种毒性物质发生的中毒，称为真菌性食物中毒。中毒发生主要通过被真菌污染的食品，用一般的烹调方法加热处理不能破坏食品中的真菌毒素。真菌生长繁殖及产生毒素需要一定的温度和湿度，因此中毒往往有比较明显的季节性和地区性。中毒的食品主要是粮谷类、甘蔗等富含糖类，水分含量适宜真菌生长及产毒的食品。黄曲霉毒素是一种最为常见的真菌类毒素，黄曲霉毒素分布范围很广，凡是受到能产生黄曲霉毒素真菌污染的粮食、食品和饲料都可能存在黄曲霉毒素。如被人和动物食用，就会造成黄曲霉毒素中毒。除黄曲霉毒素中毒，常见的还有：

1. 赤霉病麦食物中毒

赤霉病麦食物中毒是真菌性食物中毒的一种，在我国长江中下游地区较为多见，东北和华北地区也有发生，是由于误食赤霉病麦等引起的以呕吐为主要症状的急性中毒。赤霉病麦是被镰刀菌感染的麦子所致，其中毒的毒素为赤霉病麦毒素，包含多种毒性成分，毒素对热稳定，一般烹调不能去毒。进食量越多发病率越高，发病程度越重。

2. 黄变米和黄粒米毒素中毒

黄变米和黄粒米毒素中毒是由于稻谷收获未及时干燥，水分含量过高，贮存过程中霉菌大量繁殖使米粒变黄，同时产生大量的毒性代谢产物，统称黄变米毒素。其中黄绿霉毒素为神经毒物质，有抑制脊髓运动神经的作用；岛青霉毒素可引起肝硬化和肝癌；桔青霉毒素可引起肾脏肥大及肾脏功能障碍。

3. 霉变甘蔗中毒

霉变甘蔗中污染的真菌为甘蔗节菱孢霉，其所产生的3－硝基丙酸毒素是一种神经毒物质，主要损害中枢神经系统，死亡率较高。

4. 霉变甘薯中毒

甘薯因贮藏不当，造成真菌污染使甘薯局部变硬，表面塌陷呈黑褐色斑块，变苦进而腐烂称为黑斑病。是由镰刀菌等污染引起的，产生的毒素有甘薯酮、甘薯醇、甘薯宁等。病初发生恶心呕吐及腹痛腹泻，严重发生高热、神志不清、昏迷、肺水肿至死亡。目前还没有特效药治疗。

（三）植物性、动物性食物中毒

植物性、动物性食物中毒主要是因为吃了有毒动植物而引起的中毒，如河豚中毒、毒蘑菇中毒等。

1. 有毒动植物食物中毒的特征

有些动物和植物，含有某种天然有毒成分，食用方法不当，食后易引起中毒，食物中毒的特征主要有：

（1）季节性和地区性较明显，与有毒动物和植物的分布、生长成熟、采摘捕捉饮食习惯等有关。

（2）散在性发生，偶然性大。

(3)潜伏期较短，大多在数十分钟至数小时。少数也有超过一天的。

2. 不可食用的有毒植物性食品

天然含有有毒成分的植物或其加工制品不可当作食品，例如大麻油、桐油、有毒蜂蜜。将加工过程中未能破坏或除去有毒成分的植物当成食品，如木薯、苦杏仁、鲜黄花菜、四季豆、白果等。在一定条件下产生大量有毒成分的植物性食品如发芽土豆等。

3. 不可食用的有毒动物性食品

有些动物性食品中天然含有有毒成分，如河豚、动物的甲状腺及鱼胆等。有些是在一定条件下产生大量有毒成分的动物性食品，如鲐鱼、麻痹性贝类等。

(四)化学性食物中毒

主要是因为不小心吃进了有毒化学性食品而引起的中毒，如亚硝酸盐中毒、农药中毒、假酒中毒等。主要特征是：

(1)发病快。潜伏期较短，多在数分钟至数小时，少数也有超过一天的。

(2)中毒程度严重。

(3)季节性和地区性均不明显，中毒食品无特异性，多为误食或食入被化学物质污染的食品而引起，其偶然性较大。

(五)人为破坏投毒导致的食物中毒

近年来，利用食品为载体投毒的刑事犯罪案件时有发生，一旦发生，中毒人数较多，死亡人数也较多。

 **案例**

> 2002年9月14日，江苏省南京市江宁区汤山镇发生了一起以食品为载体的恶性投毒案件，导致431人中毒，其中38人死亡，影响十分恶劣，教训十分惨痛，给社会稳定和人民生命财产安全造成了严重的威胁。

食物中毒防范难度很大，投毒行为不易发现，一旦发现，可能事故已经酿成，损失已经产生。因此应对此类食物中毒可从以下方面着手：

(1)对食物中毒人员，应及时送到就近的医院，并完好留存病人的吐泻物，携带详细的病案记录。

(2)中毒事件发生后，要主动向卫生监督部门报告，卫生监督部门人员应及时向中毒人员了解就餐场所、就餐人数、所食食品、发病人数及所出现的症状，现场检查就餐场所的卫生状况，卫生许可证及从业人员健康证的办理情况，分析中毒原因及可能造成中毒的食品，封存现场及可疑食品，追查食品及原料的来源，追缴售出的可疑食品，对病人的吐泻物及可疑食品进行取样，送上级检疫部门检验。必要时可向公安机关报案。

(3)发生食物中毒事件后的单位应对事件的发生、经过、后果进行反思，自觉查找工作中存在的不足，进行总结与完善、强化管理，杜绝类似事件的再次发生，同时向上级有关部门做出书面报告。

二、食物中毒发病的主要特点、种类、预防与应急处理

(一)食物中毒发病的主要特点

食物中毒事件通常有以下特征，若出现以下特征应考虑食物中毒这一因素。

(1)发病与食物有关。中毒病人在相近的时间内吃过同样的食物，没有吃过这种食物的人不会中毒；停止食用该食物后，就不会再有其他的人中毒。

(2)一般是集体发病，短时间内可能有多数人发病，发病曲线呈突然上升趋势，潜伏期短，来势急剧。

(3)所有病人中毒表现基本相似。最常见的是消化道症状，如恶心、呕吐、腹痛、腹泻等，病程较短。

(4)不会有人与人之间的直接传染。

小贴士

安全购买食品的注意事项

1. 注意看经营者是否有营业执照，其主体资格是否合法。

2. 注意看食品包装标识是否齐全，注意食品外包装是否标明商品名称、配料表、净含量、厂名、厂址、电话、生产日期、保质期、产品标准号等内容。

3. 注意看食品的生产日期或失效日期，注意食品是否超过保质期。

4. 看产品标签，注意区分认证标志。

5. 看食品的色泽，不要被外观过于鲜艳、好看的食品所迷惑。

6. 看散装食品经营者的卫生状况，注意有无健康证、卫生合格证等相关证照，有无防蝇防尘设施。

7. 看食品价格，注意同类同种食品的市场比价，理性购买“打折”“低价”“促销”食品。

8. 购买肉制品、腌腊制品最好到规范的市场、“放心店”购买，慎购游商(无固定营业场所、推车销售)销售的食品。

9. 妥善保管好购物凭据及相关依据，以便发生消费争议时能够提供维权依据。

(二)常见的十种易中毒食物

1. 鲜木耳

常见问题：鲜木耳与市场上销售的干木耳不同，含有叫作“卟啉”的光感物质，如果被人体吸收，经阳光照射，能引起皮肤瘙痒、水肿，严重可致皮肤坏死。若水肿出现在咽喉黏膜，还能导致呼吸困难。

应对方法：新鲜木耳应晒干后再食用。暴晒过程会分解大部分“卟啉”。市面上销售的干木耳，也须经水浸泡，使可能残余的毒素溶入水中。但泡发木耳时间不宜太长，长时间浸泡会导致大量的易中毒的细菌繁殖。

2. 鲜海蜇

常见问题：新鲜海蜇皮体较厚，水分较多。研究发现，海蜇含有四氨络物、5-羟色胺及多肽类物质，有较强的组胺反应，引起“海蜇中毒”，出现腹泻、呕吐等症状。

应对方法：只有经过食盐加明矾腌渍3次(俗称三矾)，使鲜海蜇脱水，才能将毒素排尽，方可食用。“三矾”海蜇呈浅红或浅黄色，厚薄均匀且有韧性，用力挤也挤不出水。

海蜇有时会附着一种叫“副溶血性弧菌”的细菌，对酸性环境比较敏感。因此凉拌海蜇时，应放在淡水里浸泡两天，食用前加工好，再用醋浸泡5分钟以上，就能消灭全部“弧菌”。这时候，你就可以放心大胆地吃凉拌海蜇了。

3. 鲜黄花菜

常见问题：含有毒成分“秋水仙碱”，如果未经水焯、浸泡，且急火快炒后食用，可能导致头痛头晕、恶心呕吐、腹胀腹泻，甚至体温改变、四肢麻木。

应对方法：想尝尝新鲜黄花菜的滋味，应去其条柄，开水焯过，然后用清水充分浸泡、冲洗，使“秋水仙碱”最大限度溶于水中。建议将新鲜黄花菜蒸熟后晒干，若需要食用，取一部分加水泡开，再进一步烹调。如果出现中毒症状，不妨喝一些凉盐水、绿豆汤或葡萄糖溶液，以稀释毒素，加快排泄。症状较重者，立刻去医院救治。

4. 变质蔬菜

常见问题：在冬季，蔬菜特别是绿叶蔬菜储存一天后，其含有的硝酸盐成分会逐渐增加。人吃了不新鲜的蔬菜，肠道会将硝酸盐还原成亚硝酸盐。亚硝酸盐会使血液丧失携氧能力，导致头晕头痛、恶心腹胀、肢端青紫等，严重时还可能发生抽搐、四肢强直或屈曲，进而昏迷。

应对方法：如果病情严重，一定要送医院治疗。而轻微中毒的情况下，可食用富含维生素 C 或茶多酚等抗氧化物质的食品加以缓解。大蒜能阻断有毒物的合成进程，所以民间说大蒜可杀菌是有道理的。需要提醒的是，蔬菜当天买当天吃完最好。有些市民习惯将大白菜、青椒等用保鲜袋包裹着放在冰箱里，这也是不可取的。

5. 变质生姜

常见问题：生姜适宜放在温暖、湿润的地方，存贮温度以 12℃ ~15℃ 为宜。如果贮存温度过高，腐烂也很严重。变质生姜含毒性很强的物质“黄樟素”，一旦被人体吸收，即使量很少，也可能引起肝细胞中毒变性。人们常说“烂姜不烂味”，这种观点是错误的。

6. 霉变甘蔗

常见问题：霉变的甘蔗“毒性十足”。霉变甘蔗的外观无正常光泽、质地变软，肉质变成浅黄或暗红、灰黑色，有时还发现霉斑。如果闻到酒味或霉酸味，则表明严重变质。误食后，可引起中枢神经系统受损，轻者出现头晕头痛、恶心呕吐、腹痛腹泻、视力障碍等；严重者可能抽搐、四肢强直或屈曲，进而昏迷。

应对方法：观其色、闻其味之后，如果发现有可疑，请一定不要食用。因为霉变甘蔗中含有神经毒素，而且目前还没有特效的解毒药。儿童的抵抗力较弱，要特别注意。

7. 长斑红薯

常见问题：红薯表面出现黑褐色斑块，表明受到黑斑病菌(一种真菌)污染，排出的毒素有剧毒，不仅使红薯变硬、发苦，而且对人体肝脏影响很大。这种毒素，无论使用煮、蒸或烤的方法都不能使之破坏。因此，有黑斑病的红薯，不论生吃或熟吃，均可引起中毒。

8. 生豆浆

常见问题：未煮熟的豆浆含有皂素等物质，不仅难以消化，还会诱发恶心、呕吐、腹泻等症状。

应对方法：一定将豆浆彻底煮开再喝。当豆浆煮至85～90℃时，皂素容易受热膨胀，产生大量泡沫，让人误以为已经煮熟。家庭自制豆浆或煮黄豆时，应在100℃的条件下，加热约10分钟，才能放心饮用。还须注意，别往豆浆里加红糖。否则红糖所含醋酸、乳酸等有机酸，与豆浆中的钙结合，产生醋酸钙、乳酸钙等块状物，不仅降低豆浆的营养价值，而且影响营养素吸收。此外，豆浆中的嘌呤含量较高，痛风病人不宜饮用。

9. 生四季豆

常见问题：四季豆又名刀豆、芸豆、扁豆等，是人们普遍食用的蔬菜。生的四季豆中含皂苷和红细胞凝集素。皂苷对人体消化道具有强烈的刺激性，可引起出血性炎症，并对红细胞有溶解作用。此外，豆粒中还含红细胞凝集素，其具有红细胞凝集作用。如果烹调时加热不彻底，豆类的毒素成分未被破坏，食用后会引起中毒。四季豆中毒的发病潜伏期为数十分钟至数小时，一般不超过5小时。主要有恶心、呕吐、腹痛、腹泻等胃肠炎症状，同时伴有头痛、头晕、出冷汗等神经系统症状，有时四肢麻木、胃有烧灼感、心慌和背痛等。病程一般为数小时或1～2天，愈后良好。若中毒较深，则须送医院治疗。

应对方法：家庭预防四季豆中毒的方法非常简单，只要把全部四季豆煮熟焖透就可以了。每一锅的量不应超过锅容量的一半，用油炒过后，加适量的水，盖上锅盖焖10分钟左右，并用铲子不断地翻动四季豆，使它受热均匀。另外，还要注意不买、不吃老四季豆，把四季豆两头和豆荚摘掉，因为这些部位含毒素较多。使四季豆外观失去原有的生绿色，吃起来没有豆腥味，就不会中毒。

10. 青番茄(图5－12)

常见问题：青番茄含有与发芽土豆相同的有毒物质——龙葵碱。人体吸收后会造成头晕恶心、流涎呕吐等症状，严重者发生抽搐，对生命威胁很大。

应对方法：关键要选熟番茄。首先，外观要彻底红透，不带青斑。其次，熟番茄酸味正常，无涩味。最后，熟番茄蒂部自然脱落，外形平展。有时青番茄因存放时间久，外观虽然变红，但茄肉仍保持青色，此种番茄同样对人体有害，须仔细分辨。购买时，应看一看其根蒂，若采摘时为青番茄，蒂部常被强行拔下，皱缩不平。

11. 发芽的马铃薯(图 5 - 13)

马铃薯又称土豆。中毒的原因主要是发芽马铃薯的芽及芽眼部分含有较多的龙葵碱，人食用后易发生中毒。多数中毒者在进食后 2 ~ 4 小时内出现咽喉部的抓痒感和烧灼感，以及上腹部烧灼感或疼痛症状，而后出现剧烈恶心、呕吐、腹痛、腹泻，严重的还会有头痛、头晕、烦躁不安、昏迷、呼吸困难等表现。

图 5 - 12　青番茄

图 5 - 13　发芽的马铃薯

(三) 食物中毒的预防

预防食物中毒的关键就是把好“入口关”。在日常生活中，因食用被细菌及毒素污染的食物而引起的食物中毒较为多见。

(1) 有病的或病死的禽畜肉类千万不能食用。

(2) 蛋类食品营养丰富，故受细菌污染后易引起腐败变质，即使未曾变质，人吃后也会发生食物中毒，所以禽蛋必须煮沸 10 分钟以上才可食用。

(3) 夏天吃剩的米饭应立即处理，否则第二天虽经煮沸后食用，仍有可能会发生食物中毒。

(4) 营养丰富、味道鲜美的海产品可带有副溶血性弧菌，如不注意烹调方法，食用不当也可引起食物中毒。

(5) 使用冰箱一定要做到生、熟食品分开储存，以防止交叉感染，保存时间不宜过长，鱼和肉类夏天不能超过 5 天。

(6) 瓜果、蔬菜生吃时一定要洗净、消毒；肉类食物要煮透，防止内生外熟。

(四) 食物中毒者最常见的症状及应急措施

食物中毒常见症状为恶心、呕吐、腹泻，同时伴有中上腹部疼痛。食物中毒者常会因上吐下泻而出现脱水症状，如口干、眼窝下陷、皮肤弹性消失、肢体冰凉、脉搏细弱、血压降低等，最后可致休克。必须给患者补充水分，症状轻者让其卧床休息。吃河豚者，食后 2 ~ 3 小时便会引起舌头或手足麻木。应尽早催吐，并急送医院抢救。如耽误 4

小时以上便会形成呼吸麻痹而死亡。

食物中毒危害很大，一旦发生，应立即采取以下措施，减少危害。

(1)停：立即停止食用可疑中毒食物。

(2)早：尽早把病人送往就近医院诊治。尤其是发现中毒者有休克症状(如手足发凉、面色发青、血压下降等)，就应立即使其平卧，双下肢尽量抬高并立即送医院进行治疗。

(3)保：保护好现场，保留好可疑食物和吐泻物。

(4)配合：医务人员要对病人的呕吐物、尿液、粪便，甚至血液进行化验，这些都是必需的，病人和家属一定要积极配合。这样做，既有利于尽早做出诊断，也会给以后的维权索赔提供证据。病人和家属还要积极配合调查人员回忆、叙述完整的事情经过，并提供可疑食物，以供化验。

(5)消毒：根据不同的中毒食品，在卫生部门的指导下对中毒场所进行相应的消毒处理。

(6)如果是集体中毒，应迅速拨打急救电话通知疾病预防控制中心。

(五)食物中毒后的自救办法

发生食物中毒后，千万不要恐慌，自乱阵脚，在等待医院救护时，可以采取以下应急措施先进行自救：

(1)饮水：立即饮用大量干净的水，以达到对毒素进行稀释的目的。

(2)催吐：用手指压迫咽喉，产生呕吐反应，尽可能将胃里的食物排出。(对腐蚀性毒物中毒以及处于昏迷休克或患有心脏病、肝硬化等疾病的病人不宜采取上述方法!)

(3)导泻：如果吃下去的中毒食物超过2小时，且精神尚好，则可在医务人员的指导下服用泻药，以促进中毒食物尽快排出体外。

(4)保胃：误食腐蚀性毒物，如强酸、强碱后，应及时服用稠米汤、鸡蛋清、豆浆、牛奶等，对胃黏膜具有保护作用。

(六)食物中毒后的家庭急救

在家中一旦有人出现上吐下泻、腹痛等食物中毒，冷静分析发病原因，针对引起中毒的食物以及吃下去的时间长短，及时采取应急措施：

(1)停止食用该“食品”。

(2)对病人要催吐，尽量把胃内容物吐空，并保留呕吐物。

(3)中毒较重者，应尽快送医院治疗。

(4)保存吃剩食物，以便检测中毒原因。

(5)注意腹泻物的消毒处理。

第六节　厨房安全

案例

粉尘也会酿成爆炸事故

2015 年 6 月 27 日晚，台湾新北市八仙乐园举办的彩色派对起火，导致助燃性粉尘爆炸，造成 498 人受伤，伤患中轻伤者 79 人、中伤 157 人、重伤 202 人，60 人情况不明确，其中有两名大陆居民。据称这是新北市救灾史上受伤人数最多的意外。消防部门初步判断，当时在舞台西侧因喷撒的七彩粉尘碰到热源导致起火，也不排除有人吸烟造成爆炸。

（案例来源：北京消防公众号）

一、面粉爆炸

2017 年，江西德兴市一名搞小吃的摊主家发生了爆炸，房屋严重损毁，满地狼藉（图 5 – 14），周围邻居的房屋也有不同程度的损伤，屋主伤势严重，紧急送往南昌救治。现场有散落的面粉和完好无损的液化气罐，经过判断，疑似面粉爆炸。

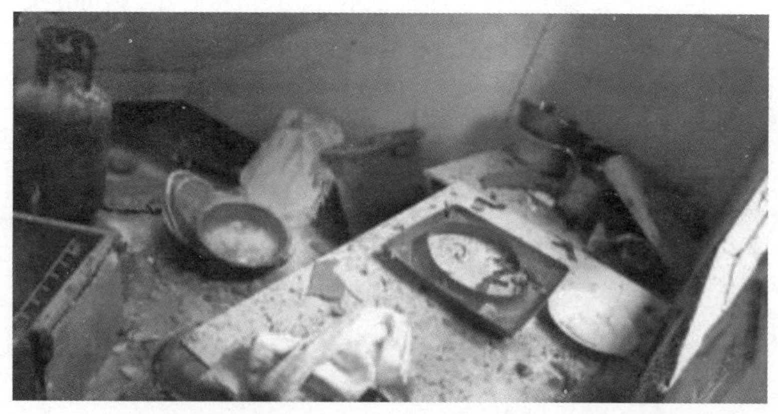

图 5 – 14　屋主家爆炸后的现场

（一）面料爆炸原理

面粉爆炸与汽油爆炸原理差不多。汽油是气体分子挥发到空气中，达到一定的浓度遇明火就爆炸。而面粉爆炸属于粉尘爆炸，是非常细小的粉尘颗粒扩散到空气中，当积累到一定浓度时，形成爆炸性混合物，遇到火源会迅速燃烧甚至爆炸。粉尘爆炸化学反应速度极快，具有很强的破坏力。

在家庭里，面粉、淀粉，甚至是奶粉和糖粉，都属于爆炸危险的粉尘类。

（二）粉尘（面粉）爆炸条件

粉尘（面粉）爆炸的三个条件如图 5－15 所示。

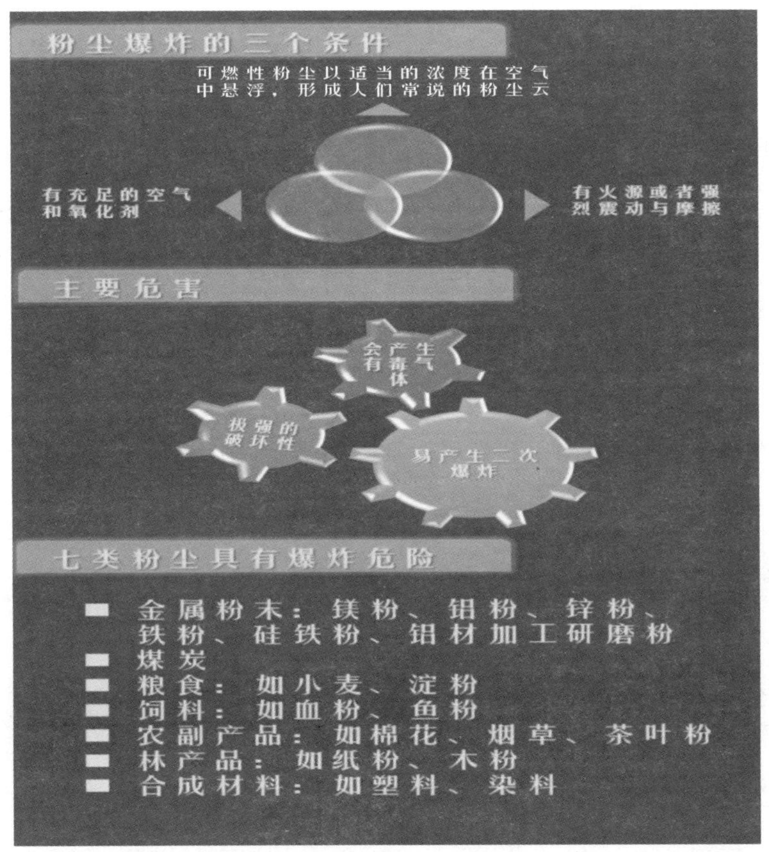

图 5－15　粉尘（面粉）爆炸的条件

二、燃气做饭时爆炸

用天然气等燃气做饭时，天然气从灶眼里喷出来，即喷即燃烧。如果泄漏出来没有燃烧，在空气中达到一定浓度，这时遇到明火，就会在瞬间全部燃烧，剧烈发热而膨胀，这就是可怕的爆炸。

（一）可能引发爆炸的原因

（1）烧开水、熬粥、煮汤时没人看管，汤水溢出，浇灭了火焰，燃气未经燃烧，扩散到空气中，在厨房形成爆炸气体。

（2）燃气灶离窗户近，火焰被风吹灭，没及时关燃气阀门，燃气漏出。

（3）橡胶软管脱落、胶管破裂漏气。

（4）燃气热水器使用不当，或热水器故障时，没有关燃气阀门，以至燃气大量泄漏。

（二）如何判断燃气泄漏

（1）闻气味。可通过闻其味道判断。液化气有很大的刺鼻味道，如果闻到臭鸡蛋气味，说明这个空间有泄漏的燃气了。

（2）涂肥皂水。可以在怀疑有漏气的地方（胶管、接口处、管道、旋塞阀等）抹点肥皂水或者洗调剂水，如果有漏气，肥皂水会出现气泡或鼓起的现象。切记千万不可用打火机等点火的方式来找漏气的地方。

（3）看燃气表。这种方法比较直接，如果在没有使用燃气时，燃气表仍然动的话，那就说明有漏气。

（三）使用燃气需要注意的事项

（1）使用燃气时要注意保持室内通风。

（2）使用燃气具时要做到使用完毕及时关好。

（3）注意定期检查橡胶软管。

（4）不能随意拆改燃气管道和设施。

（5）不能在燃气管道和设施上悬挂杂物，更不能将管道埋入墙内或地下，否则，发生漏气时很难察觉。

（6）燃气管道也不能穿越卧室、卫生间、客厅和地下室，不能将装有燃气设施的场所改为卧室、浴室等。

（7）天然气管道应与电源插座、开关等保持一定的距离。严禁将电线缠绕在燃气管道上，避免产生电火花引起事故。

(8)灶具上的油污容易着火，应经常进行清理。长时期不使用燃气器具时，应将灶前阀门关掉，切断气源开关。

(9)严禁包裹各类燃气设施。避免造成密闭空间，漏气封存，遇明火易发生事故，也不便检查和维修。

(10)如果发现燃气泄漏。严禁动用一切电器开关和火源，并迅速打开门窗通风，然后立即关闭表前阀，切断气源并在第一时间到远离漏气处拨打燃气24小时抢修电话，以便燃气公司迅速安排专业技术人员和设备及时排除险情。

三、其他厨房安全小常识

(1)厨房有明火时，不能喷杀虫剂。喷雾式杀虫剂是易燃易爆品，罐内的推动剂燃点低，极易燃烧爆炸。罐内液体中有丙烷、丁烷，与空气混合后，极易形成爆炸性混合物，遇明火后很容易发生爆炸。

(2)不要将冷冻食品直接放入油锅。没解冻的食品直接放进热油锅里，食品外层的冰会迅速变成水蒸气，让油锅立即沸腾起来。不仅锅里的食物会炸飞伤人，沸腾的油溢出来，落到燃气灶的火苗上还会起火。

(3)不要用微波炉加热鸡蛋。鸡蛋被蛋壳紧密包裹，微波加热时鸡蛋迅速升温，热量无法及时释放，就会导致鸡蛋内部过热，压力过大，最终发生爆炸。

(4)油锅起火不能倒水。水碰到油后会迅速蒸发，而浮起的高温油滴和空气中的氧气发生反应，就会形成烈焰，情况严重还有可能让整间厨房着火。正确的做法是关火→从侧面慢慢盖上锅盖→尽量不移动锅盖。

第六章

校内外活动安全

案例

2004年5月4日下午18:30左右，某公司车间实习生郭某在设备开机调试、慢速运作过程中，发现钢板上有杂质，违章擦拭，结果不慎将右臂卷入设备内部，右臂被挤拉断。现场人员迅速将其送往医院抢救，5月5日上午8:10抢救无效死亡。

学习，是职业学校学生的主旋律，但是在繁忙的学习之中也不能忽视安全意识的培养，安全是第一位的，也是追求一切的基础。所以，要从点滴做起，提高安全防范意识，确保学校生活安全愉快地度过。

第一节　实训安全

一、校内实训安全

(1)学生实训前应接受系统的安全教育，提高安全意识。

(2)学生应以班级为单位，在实训前十分钟，在实训室前排队集合、清点人数、检查服装，不得无故缺席、迟到或早退。在进入实训室前，学生必须穿好工作服、工作鞋，不得穿短裤、背心、拖鞋、裙子、高跟鞋，不得戴围巾，长发学生应戴帽子。

(3)实训前，实训老师讲解实训安全要点、实训流程。参加实训的学生，必须听从

实训指导教师的指导，自觉遵守纪律，做好实训的安全防护工作。

(4)学生操作前，应检查所用设备、用具、仪器等是否完好无损，如有损坏立即报告指导教师。操作中设备如出现故障，应立即停止操作。学生应爱护实训设备、仪器，节约用水用电，节约材料。

(5)在实训过程中，牢固树立"安全第一"的思想，严格执行安全管理规定和安全操作规程，服从管理，正确着装和使用劳动保护用品。

(6)学生实训时，不允许有看小说、玩手机、玩 iPad、玩电子游戏、玩扑克、吸烟、睡觉等违纪行为。

(7)学生实训时，严禁乱串岗位，打闹嬉戏。未经指导教师许可，不得擅自离开操作岗位。

(8)学生实训时，不能用湿手或湿物接触带电物体。操作完毕后，一定要切断电源。操作机器设备、仪器装备应在指导教师的指导下进行，严禁擅自开动机器设备及仪器装备，避免意外、不测事故发生，确保人身、设备安全。

(9)实训中，不服从指导教师和工作人员管理及违反安全管理规定、操作规程要求者，情节较轻的给予批评教育，情节较重或造成严重后果的要按学生违纪处分条例进行处理。

(10)实训结束后，打扫卫生，及时切断水、电、气源，清点用具，将仪器、工具整理好，做好设备及仪器的清洁工作。

二、顶岗实习安全操作规程

学生在顶岗实习前，必须经过入厂教育，熟悉实习生产工艺，了解本岗位的特点和操作规程，遵守劳动纪律。在顶岗实习过程中必须做到以下几点：

(1)明确生产实习任务，遵守安全操作规程，严格遵守劳动纪律、工艺纪律、操作纪律、工作纪律。严格执行交接班制度、巡回检查制度，禁止脱岗，禁止与生产无关的一切活动。注意保密工作。

(2)实习成效的好坏很大程度上取决于每个学生的实习态度，学生应在短时间内与自己的实习指导人建立起良好的师生关系；工作中要积极主动，遵守纪律，服从实习指导人的工作安排；重大问题应事先向实习指导人反映，共同协商解决，学生不得擅自处理。要认真执行岗位安全操作细则，防止刀伤、碰伤、砸伤、烫伤、踩空跌倒及身体被卷入转动设备等人身事故和设备事故的发生。

(3)设备开机前，必须全面检查设备有无异常，对转动设备，应确认无卡死现象、安全保护设施完好、无缺相漏电等情况，并确认无人在设备旁作业，方能启动运转。启动后如发现异常，应立即检查原因，及时反映；在紧急情况下，应按有关规程采取果断措施或立即停止设备。

(4)严格遵守特种设备管理制度，禁止无证操作。正确操作特种设备，开机时必须注意检查，发现不安全因素应立即停止使用并挂上故障牌。

(5)按章作业，搞好岗位安全文明生产，发现隐患(特别对因泄漏而易引起火灾的危险部位)应及时处理与上报。及时清理杂物、油污及物料，切实做到安全消防通道畅通无阻。

三、顶岗实习期间安全注意事项

(一)顶岗实习纪律与安全要求

学生在顶岗实习时，进入一个新的环境，在任何时候都要保持一个学生应有的素质，并遵守实习期间的各项规定。

(1)按要求参加学校顶岗实习动员会，认真听取实习实训的安全要求及注意事项。

(2)严格遵守实习单位的纪律要求和安全操作规程，按规定穿戴好工作服和其他劳动防护用品。要服从管理，虚心学习。注意保养和爱护实习单位设施设备，未经批准，不得擅自动、摸其他设备，私自动手造成人身和设备事故者，应承担相应赔偿责任。

(3)要注意维护学校及专业、班级的形象，维护集体荣誉，遵守公共道德，待人礼貌，着装规范；讲究卫生，不乱丢垃圾、杂物。

(4)严禁抽烟、酗酒，严禁进入社会娱乐场所、网吧，要维护自身安全；注重了解实习所在地习俗和民族习惯，与当地人交往注意分寸，避免引起纠纷；严禁夜不归宿、留宿外人，防止上当受骗。

(5)严格遵守外出实习的各项规定、按时作息，严格按照规定时间上下班，不得私自外出，实习中途不得擅离岗位，有事须向带队指导教师或实习单位领导请假；如有特殊情况须离开实习实训单位时，必须向实习实训单位和学校提出申请，获得同意后方可办理自主或其他实习手续。

(6)外出参观或短时间外出实习时，请假须由随队辅导员、班主任、任课教师和实习单位共同批准；毕业实习实训临时请假必须经实习实训指导教师同意并办理请假手续，请假三天以上须由实习单位和学校实习部门共同批准。

(二)校外人身安全

学生在校外实习时，住地周围都有其他人员，对附近的环境又不太熟悉，因此，在实习过程中必须做到以下几点：

(1)要有预防的意识，保持良好的防护习惯。

(2)用法律维护自己的人身财产安全。特别是在面对暴力犯罪时，要坚决制止不法侵害。对正在进行的行凶、杀人、抢劫、强奸、绑架以及其他严重危及人身安全的暴力犯罪，应采取正当防卫行为。

(3)发生案件、发现危险时，要快速、准确、实事求是地报警求助。

(4)留心观察身边的人和事，及时规避可能针对自己的侵害。遵守交通规则，预防交通意外。

(5)实习期间严禁下河游泳。

(6)性侵害的预防。正确识别性侵害，注意自身的言行举止，尽量避免在开放性场所独处；加强自身教育，增强性自卫能力；遭遇性侵害时，要沉着冷静对待，努力消除性侵害成功的机会和条件；加强性侵害过程中的自身防卫，积极报案，提供证据。

第二节　体育运动安全

案例

●2020年4月14日，浙江温州初三和高三开学的第二天，温州市某中学一名16岁男学生跑完1500米晕倒后抢救无效身亡。

●2020年4月30日，长沙市一名14岁初三学生同样在上体育课时猝死。

●2020年5月4日健康时报报道，河南省周口市郸城县才源中学初三学生小李返校复课后，在体育课上跑步时发生猝死。

●2020年4月，随着我国新冠疫情防控的缓解，各地中小学生都在按照当地教育部门的要求有序地复课。但是上体育课时，有学生戴着N95口罩上体育课，甚至跑步。医生表示："孩子的心肺很稚嫩，千万不能带N95口罩上体育课。一旦孩子的心肺功能受损，其功能是不可逆的。"

生命在于运动。要让我们学校生活充满活力，运动必不可少。在这展示生命活力的舞台上，青少年不仅将体育运动视为能提高身体各器官的生理机能，增强体质的手段，更将体育运动赋予人类向自我挑战、向自身极限冲刺的崇高意义。然而，有的人因为运动不当，遭遇伤害甚至死亡。所以，我们在享受运动带给我们的欢乐时，要特别注意安全。

一、体育运动不当所引发的伤害

(1)运动损伤。体育运动需要一定的体能和运动技巧要求。不少运动项目还具有较强的竞争性和对抗性。由于青少年不善于调控与自律，运动技术或动作不准确，缺乏安全意识，很容易出现摔伤、撞伤、扭伤、拉伤、砸伤等事故，出现运动损伤现象。

(2)机体伤害。青少年正处于生长发育阶段，骨关节、心肺等脏器的发育不完全，肌肉力量薄弱，神经协调能力较差，如果体育运动不科学、准备活动不充足、缺乏自我保护意识的话，体育运动时一些不当的行为很容易伤害青少年的机体。

二、体育运动伤害发生的主要原因

(1)运动前准备活动不足。不做准备活动就进行激烈的体育运动，极易造成肌肉损伤、肌腱扭伤、韧带拉伤等运动伤害；准备活动敷衍了事，在运动系统和神经系统的功能尚未达到适宜水平，就进行运动，易对器官功能造成伤害；准备活动内容不得当或准备活动过量，致使准备活动无效或身体功能有所下降。

(2)对体育运动认识不足。主要表现在对运动伤害预防的重要性认识不足，思想不重视，注意力不集中。未能积极有效地采取预防措施，或措施不当，或对老师、教练员的要求和采取的预防措施不重视，易导致运动伤害的发生。

(3)运动时心理状态不良。在体育运动中由于急躁、恐惧、害羞、麻痹、缺乏经验或不自量力，也容易导致伤害事故。

(4)气候不宜。过高的气温和潮湿的天气，导致大量出汗失水；在冰雪寒冷的冬季易发生冻伤或其他伤害事故。

(5)身体体质和素质不佳。身体素质低、体质弱，体育基础差，一时不能适应体育运动的需要，如凡患有器质性心血管病(先天性心脏病、风湿性心脏病、心肌炎)、高血压、结核病、支气管扩张、哮喘、急慢性肝炎、急慢性肾炎、各种恶性肿瘤、各种结缔组织疾病、精神病、癫痫、类风湿病、慢性骨髓炎、各种血液疾病，容易发生运动伤害事故。

(6)运动行为不规范。违反体育运动规律、纪律、规定和要求，也是造成身体伤害事故的原因。

(7)锻炼场地、设备等不安全。不同的运动项目对运动场地及器械有严格的要求，如果场地不平整、过硬、过滑，有碎石杂物；器械生锈或表面裂缝不平，器械大小、重量与锻炼者的年龄、性别不适；运动服、运动鞋不合体，缺乏必要的护具，都容易发生损伤。

(8)运动量安排不合理。运动时应按照运动量从小到大、技术动作从易到难的原则进行。如果违反此原则，也容易发生损伤。

三、运动高风险人群

从事体育活动前，要根据自身体检的情况，了解自身的健康状况，以确定是否要参加某项活动；结合自身的身体状况，正确地选择锻炼的方式和方法，确定运动内容、强度和重点等。有以下疾病或症状的学生禁止参加体育运动，并需将身体的情况报告给班主任与体育老师。如要参加，请在专科医生的指导下进行运动项目的选择与练习。

(1)既往有心脏疾病者；

(2)糖尿病和痛风者；

(3)运动性哮喘者；

(4)有肌肉、骨骼、关节急慢性损伤者；

(5)感冒期间患者；

(6)高血压者；

(7)患有肝炎、肾炎、肺结核等刚病愈者；

(8)恶性肿瘤者。

四、体育运动安全事项

(一)运动前

(1)参加运动前，先要了解自己的身体状况。在锻炼时要学会自我监督，随时注意身体功能状况变化，若有不适症状要及时向教师反映情况，采取必要的保健措施。切忌隐瞒有心脏病或其他不适合参与体育活动的疾病，勉强参加活动会酿成不可挽回的伤害。

(2)检查场地、器材和着装。要认真检查运动场地和运动器材，消除安全隐患。要注意场地中的不安全因素，如检查场地是否平整，是否有石头土块；检查沙坑的松散度，是否有石子杂物等；检查体育设施是否牢固安全可靠、器材是否完好等。不冒险，确保自身安全。要穿轻松、柔软、宽窄合体的运动服装，运动鞋要合脚，鞋袜不宜过紧。不要佩戴各种金属的或玻璃的装饰物，不要携带尖利物品等。

(3)做好准备运动。通过准备活动，克服内脏机能的惰性，提高中枢神经的兴奋性，增加血液循环，提高肌肉的应激性和关节柔韧性，减少锻炼前的紧张感和压力。加强易损部位的练习，提高它们的功能，增强肌肉对关节的运动力。这些措施在很大程度上预防损伤的发生。

(二)运动中

(1)要掌握动作要领。体育运动时，了解和掌握动作要领及方法，不仅能够在运动过程中发挥好技术动作，达到体育锻炼的目的，而且还能消除心理上的恐惧，增强自信心，避免不必要的伤害。

(2)要正确使用器材。要了解熟悉掌握器材的性能、功能及使用方法。要严格遵守相关操作规程，在一些体育器械(如铅球、实心球等)的使用中，要注意选择适当场地，确保自身安全，同时还要注意不要伤及他人安全。

(3)运动负荷要适当。参加体育活动要根据身体素质条件，选择最有利于增强体质的运动负荷。可循序渐进，由易到难，从小到大。负荷过小，对身体作用不大；负荷过大，会损害身体；只有适宜的运动负荷，才能有效地增强体质，提高健康水平。

(4)运动时要有正确的呼吸方式。正确的呼吸方式能够很好地保护呼吸系统，提高运动成绩，增强呼吸功能。一般情况下，最好用鼻呼吸，因为鼻腔血管丰富，能提高通过空气的温度；鼻腔上的黏液能提高空气的湿度，清除空气中的尘埃和杂质。但在剧烈运动时，为了摄取更多的氧气，还需口鼻配合呼吸，呼吸宜慢而深。

(三)运动后

(1)认真做好放松运动。放松活动可使人体较好地从紧张的运动状态逐渐过渡到相对的安静状态，使身体得到新的平衡。运动对身体生理平衡的破坏，会引起一系列生理的变化。这种变化不会随着运动的停止而同时消失。如呼吸和血液循环，在运动停止后还会维持在较高的水平上，它们需要有一个恢复过程，这种恢复应是主动积极而不是消极的恢复。放松整理活动不是一种简单的恢复过程，而是通过放松活动，改善肌肉的血液循环，使肌肉中血液畅通，有利于偿还氧债，排出二氧化碳和清除代谢产物，减轻肌肉酸痛，使被打破的生理平衡逐渐恢复或超量恢复原来水平以形成新的平衡。

(2)自我检查运动反应。如果感到十分疲劳，四肢酸沉，出现心慌、头晕，说明运动负荷过大，需要好好调整与休息。运动后经过合理的休息感到全身舒服，精神愉快，体力充沛，食欲增加，睡眠良好，说明运动负荷安排比较合理。

(3)适当补充能量。参加体育运动要消耗大量的能量，所以在运动后(运动前也应适当补充能量)要科学饮食，保证身体的需要，确保取得最佳的锻炼效果。

①半小时至 1 小时后进餐。

②避免喝含有咖啡因的饮料。

③5 至 10 分钟后饮水(含盐)。

五、运动饮水和饮食卫生

(一)运动饮水卫生

运动中的饮水应以少量、多次为原则，同时应饮接近于血浆渗透压的生理盐水或含少量蔗糖、果汁的饮料，以基本维持机体在运动时失去的生理平衡。剧烈运动时和运动后，均不宜一次性大量饮水，如果在运动中饮水过量，会使胃膨胀，妨碍膈肌的活动影响呼吸。同时，因大量饮水会使血液量增多，增加心脏、肾脏的负担，有损健康。

(二)运动饮食卫生

运动中或运动前不宜大量进食。由于剧烈运动的颠簸作用，会因食物的重力而牵拉肠系膜，引起腹痛。同时，因运动的需要，大量血液流进骨骼肌，使胃肠的血液减少，消化机能减弱，因而饭后即刻运动和运动中大量进食，都是不符合卫生要求的，会直接影响身体健康。

六、女子月经运动安全

(1)适当减轻运动负荷，运动的时间不宜过长，对月经初潮的少女，由于她们的月经周期不稳定，负荷更不宜大，要循序渐进，要逐步养成经期锻炼的习惯。

(2)运动时，要避免做剧烈的、大强度的或振动大的跑跳动作(如长跑、疾跑、跳高或跳远)，也不要做腹压过大的动作和力量性练习，以免引起经期流血过多或子宫位置改变。

(3)月经期不宜游泳，在月经期，具有自洁作用的宫颈管中的黏液栓被排出，子宫内膜血管破裂开口，内膜脱落，形成一个剥离的创面，子宫口稍稍张开，阴道内酸度降低，在此种情况下水，会增加感染的机会，病菌可能侵入内生殖器官，引起炎症。此外，月经期下肢和腹部受凉也不利于经血的排出。

(4)月经期间应避免寒冷的刺激，特别是下腹部不要受凉。如果进行冷水锻炼也应暂时停止。

(5)如果出现月经紊乱(月经过多、过少或经期不准)或痛经(经期下腹部疼痛)，月经期间应停止体育活动。

七、运动损伤的处理

（一）运动中一般皮肤损伤

最常见的损伤莫过于皮肤表面的擦伤了，多发生于身体四肢部位。使用器械时，非常容易造成擦伤。如果擦伤部位较浅，涂上红药水即可；如果擦伤部位较脏或有渗血，应该先用生理盐水清洗创口，然后再涂红药水。如果运动时，鞋不合脚，或是不戴手套进行举重等力量练习，手脚皮肤非常容易被磨出水泡。这时，可以涂点润滑膏或凡士林。如果水泡已经破掉，有液体渗出，应该及时把水泡内的水挤干，然后抹上一些抗菌药膏。

（二）运动中韧带及关节损伤

韧带及关节损伤是由关节部位突然过度扭转、超出正常生理范围造成的，轻者造成韧带拉伤，重者造成韧带断裂或关节脱臼。最易发生韧带及关节损伤的部位有膝关节、踝关节、腰椎以及腕部。急性损伤发生后，应立即停止活动，然后局部冷敷。1～2 天后，可以使用温热毛巾热敷，并按摩受伤部位以促进血液循环、帮助身体恢复。如果损伤较重，发生韧带撕裂或关节脱臼，应保持安静，尽量不要活动，及时到医院就诊。韧带组织不易再生，因此，早期正确处理韧带损伤就显得非常重要了。如果处理不当，会造成结疤等影响关节活动的功能性障碍。

（三）运动中小腿抽筋

肌肉痉挛发生时，一般通过慢慢加力、持续牵拉的方法，就可使痉挛的肌肉得到放松并消除疼痛。小腿抽筋时，可平躺地上，用异侧手抓住前脚掌，伸直膝关节用力拉；也可平坐或仰卧，伸直膝关节，同伴用双手握其足部抵于腹，痉挛者躯干前倾适度用力，同伴用手促其脚背缓慢地背伸，同时推、揉、捏小腿肌肉，就可以使痉挛缓解。

（四）运动中肌肉及软组织损伤

运动中，肌肉急剧收缩或被过度牵拉，就容易造成肌肉拉伤。这时要立即停止运动，并进行冷处理。即冷水冲洗或毛巾冷敷，使小血管收缩，减少局部充血和水肿。肌肉拉伤之初，切忌揉搓和热敷。此外，身体局部与钝器发生碰撞，会造成软组织挫伤，也就是俗话说的“磕着碰着”。轻度损伤不需要特殊处理；比较严重的损伤，可以外用活血化瘀的药物，比如正红花水、止痛喷雾剂、云南白药等。

第三节 社交安全

案例

2004年2月中旬，云南大学学生马加爵，因家境贫寒经常受到同学的鄙视、嘲讽，心灵扭曲，于13—15日3天内，在云南大学鼎鑫学生公寓6幢317室，用事先购买的铁锤先后4次将其4位同班同学杀害。有一名曾经对他有“一饭之恩”的同乡同学没有被杀。以马加爵案件中可以看出，良好的社会交往能够淡化矛盾、减少人际隐患、消解不稳定因素，是最好的自我保护工具。

社交是指社会上人与人的交际往来，是人们运用一定的工具传达信息、交流思想，以达到某种目的的社会活动。

青春期是由儿童期向成人期过渡的阶段，这个阶段的青少年需要逐步走向社会，逐步建立与他人的社交关系，而且青少年的人际社交关系会由简单逐渐变为复杂，如师生关系、同学关系、朋友关系、网络关系、室友关系、合作关系、恋爱关系等。

但是青少年在建立社交关系的过程中，可能存在着很多的风险。一方面，由于发展的需要，青少年在乎人际关系和社交关系，渴望与他人特别是与同龄人的交往；另一方面，青少年危机意识较为薄弱，容易轻信他人、受到他人的影响。

一、人际关系安全

今日的社会是个“共生”的社会，没有他人的支持，很难成就事业。卡耐基认为，一个人掌握的专业知识和技能大约只能占其成功因素的15%，而85%的成功因素是良好的人际关系。

在学校，每个同学都有对和谐关系的需求。和谐的人际关系，可以使人获得心灵的慰藉和情感的支持；可以帮助遭受重大挫折的人从消极的心境中走出来；可以使人精神愉悦、情绪饱满，化解各种矛盾；可以满足学生对友谊、归属、安全的需要；可以更深刻、更生动地体会到自己在集体中的价值，并产生对集体和他人的亲密感和依恋之情，从而获得充实的精神生活；可以有利于学生对不良情绪和情感的控制和宣泄；可以化解各种矛盾，减少心理问题。良好的人际关系，还是认识自我、完善自我的平台；是交流信息、增长知识、开阔视野、活跃思维和启迪思想的平台；是融入集体与社会的平台。

而不良的人际关系，会制造矛盾，引发人际冲突。一些职业学校的学生在人际交往中存在不良的心理、行为表现：主动性不强，缺乏与人交往的知识和技巧，不愿意与他人交往；存在自卑、自大、攀比、偏执心理，交往失度、失范；缺乏包容、理解和有效沟通；重功利性交往等。

(一)影响人际关系的主要原因

(1)认知偏差的影响。对自己的偏差。一是过高地评价自己，对不如自己的人不屑一顾，恶语相向，或者嘲讽、挖苦；二是自我评价过低，看不到自我的价值，与人交往时，认为自己这也不行，那也不行，没有主见。

对他人的偏差。一是以貌取人，只看他人的表面，而看不到实质；二是以成见待人，把他人的缺点扩大化，而优点弱小化，对他人样样看不顺眼，排斥、疏远、嫌弃；三是以信息取人，与他人还未交往，就听信其他人的评价，而对对方形成一种先入为主的印象。

(2)情绪失控的影响。情绪是人际交往中极为重要的，是一种心灵无声的交谈。生活中到处充满矛盾，情绪表达没有分寸很容易阻碍正常的人际关系。例如，急躁冲动、情绪失控、怒从心中起时，会导致人际关系的恶化。

(3)态度的影响。态度是人们对一定对象较一贯、较固定的综合性心理反应倾向。总是指向并倾注于某个对象，具有压迫性。如态度和蔼、真诚、坦荡，会使人有安全感并亲而近之。有些人这也看不惯，那也看不惯，不善于包容别人，缺乏一定的弹性，和谁也处得不好，人际关系弄得僵。

(4)语言的影响。语言的误会很能影响人的交往关系，有的人说话夹枪带棒、敲敲打打，有的尖酸刻薄、言外有意，有的冷言冷语，很让人反感，有时还会带来口角甚至不良后果。

(5)个性的影响。一个人热情、诚实、高尚、正直、友好、讨人喜欢，很让人愿意与他交往，而一个人冷酷、虚伪、自私、奸诈，很让人生厌。良好的个性品性容易建立和谐的人际关系，不良的个性品性，在人际交往中会有障碍。

(二)良好的人际关系认知培养

(1)树立正确的交往观念。职业学校的学生要认识到人际交往不仅是必要的协作手段，也是获得精神愉悦和心理安全感的方式。明确人与人之间的交往，是个人重要的心理支持，也是有助于个人更好地适应集体、适应社会。

(2)树立正确的交往互酬观念。校园里的学生会根据各自的兴趣、爱好、性格等的不同，结成一个一个或松散或紧密的交际圈，比如学习圈、娱乐圈、社团圈、老乡圈、生

活圈。不管是哪个圈都要树立好正确的交往互酬观念。这种互酬观念可以是物质的，可以是知识技能上的，也可以是精神上的、情感上的分享，但是要坚决摒弃酒肉关系。

(3)树立自信心。对待交往态度积极主动，把与人交往看成是积累经验、认识自己、向他人学习的机会。

(三)良好的人际关系行为培养

王蒙说过："人际关系永远是双向的，学人者人恒学之，助人者人恒助之，敬人者人恒敬之，爱人者人恒爱之。同时，说人者人恒说之，整人者人恒整之，害人者人恒害之，要人者人恒要之，虚伪应付人者人恒虚伪应付之。"要想有良好的人际关系，就需要：

(1)学会赞扬他人。有人说：别人骂你一句，你回骂他一句，这是吵架，别人夸你一句，你回夸一句，这是社交。赞美是博得人心的最简单的也是最方便的途径。每个人都想听好听的，希望得到支持、爱护、鼓舞和赞扬。一个总是喜欢批评、指责的人，很难得到他人的喜欢与拥护。

(2)学会尊重他人。有哲学家说：世界上没有两片完全相同的叶子。人与人之间，因为家庭、环境、教育等因素的影响，存在不同的差异，而尊重就是认同差异，设身处地认同他人，并给予心与心的平等；对他人的缺陷不嘲笑，对他人的秘密不宣扬，对他人的想法不鄙视。在他人说话时耐心倾听；在他人尴尬时微笑安慰。不傲慢无礼伤了他人的面子；不耻笑鄙夷打击他人的自尊；不用自己的眼光去看待他人，不把自己的意志强加于他人。

(3)学会关心他人。趋利避害是人之天性，因此，雪中送炭最得人心。在他人最是低俗、最是逆境之时，你想尽办法去帮助，他会把你当成一个值得深交、珍惜、感恩的人。

(4)学会善待他人。常言说"浇花浇根，交人交心"。人缘好的关键是善待他人。待人要"真""诚""尊"，忌"傲""伪""妒"。自傲、虚伪、妒忌是人际交往中的大敌，也是埋下人际仇恨的种子，很多的人事纠纷甚至命案都是来源于此。因此，要善待他人，推己及人，严己宽人，宽容他人，接纳他人，不苛求于他人。

(5)学会说话。良言一句三冬暖，恶语伤人六月寒。会说话是一种能力，更是一种魅力！说话过程中要保持两个原则：一是观点对错不判断；二是要充分尊重对方。说话时尽量不用否定性的词语，如"我不同意"这句话，可换成"我希望你重新考虑一下"。注意说话的角度和分寸，不居高临下，不泼冷水，不伤人短处，不在失落者面前谈论成功。

二、谨慎交友

(一)识别“益友”与“损失”

朋友有很多种，归根结底就两种，即“益友”“损友”，结交一个益友对我们的学习生活有很大的帮助，而交到一个损友则往往会走弯路。如何识别“益友”“损友”？可从他的品质来判断。

(1)益者三友。

第一，益友是善良、正直、志同道合的。找到一个拥有善良正直的心灵、有着共同的理想和追求的朋友是人生一大幸事。

第二，益友是心胸豁达的。“心胸豁达”与“小肚鸡肠”正好相反，心胸豁达的朋友一般眼界较高，看得高、望得远。他们知道朋友的缺点，但更清楚朋友的优点，对待朋友的优点常常用放大镜去放大，给朋友源源不断的鼓励和赞美，对待朋友的缺点在合适的时候加以提醒与劝导。这种心胸宽广的好朋友一定要看到一个就抓住一个，因为他们对于我们的成长是如此的重要，常常让我们更加自信，使我们面对困难更加有勇气和信心。

第三，益友是知识丰富、有韬略、有涵养的人。我们常常会遇到一些知识特别丰富的人，不管天文、地理还是历史、哲学都有所研究，对自己的专业更是精通，且具有高瞻远瞩的眼界和谦谦君子的涵养。和这样的朋友在一起，真的可以感受到知识的魅力和思想境界的高远。

(2)损者三友。

第一，损友是极其易怒、极易冲动的。我们身边也不乏这样的一群人，遇到事情没有说完三句话，就开始怒目相向，挥舞自己的拳头。有这样的朋友，就像在自己的身边埋了一颗炸弹，随时都有可能引爆。所以，这样的朋友最好是敬而远之。

第二，损友是嫉妒心很强的。他见不得别人好，见不得别人强，见不得别人幸福，见不得别人在正道上，一旦招惹了他，他会想尽办法不择手段去伤害别人，如毁谤、打击他人，这种人在电视上我们经常看到，而实际上生活中也有，所以，对这种人，我们同样要敬而远之。

第三，损友是极其功利并虚伪的。这类人常常为了自己的目的不惜牺牲自己的暂时利益而迎合他人，一旦得势便寡廉鲜耻。当面一套，背后一套。对待这类人，要敬而远之。

损友就像是坏了的水果，会把好的水果也弄坏。故此，我们在择友方面要慎之又慎，近益友防损友。

（二）不要随意在网上交朋友

现代社会交往的平台越来越多，认识朋友的环境也变得更加复杂多变，从传统的认识领域拓展到网络信息等多个领域，因而，对交友的安全问题提出了更高的要求。在各类网站和平台上，有这样一群线上“高富帅、白富美”，在他们看来，网络另一端的“恋人”只不过是用所谓“爱情”圈养的“猪”，养肥了自然要“杀掉”。可悲的是，“猪仔”被杀之后，连屠夫在哪都不知道。

案例

网上交友陷阱

有一种陷阱叫网络婚恋交友，有一种骗局叫“杀猪盘”。

家住长沙县的小丽（化名），家境优越，年近40却仍是单身。2020年5月初，小丽在世纪佳缘网站上认识了一名叫小强的男子，双方颇为投缘，互相添加了微信，感情也在嘘寒问暖中逐渐升温。随着两人交流的增加，小强透露自己在澳门一家赌博网站工作，知道该网站后台有漏洞，平时会利用这个漏洞赚些钱。

5月中旬，小强称要去外地出差，希望小丽帮忙操作其在赌博网站上的账户。小丽使用小强发来的账号和密码登录后，发现账户内有20多万元，并在小强的指导下下注，很快就赢得了6万元。随后，小强让小丽帮忙提现23万元，提现很快到账，小强还向小丽展示了银行到账的短信。第二天，小强又向账户存入500多万，小丽按照小强的指导操作后，赢了150万元。几次操作盈利后，小丽终于按捺不住，自己也开了户。充值了20万元，并很快地赢了5万元，也成功提现。小丽彻底相信，这是一个有漏洞、能赚钱、能提现的真网站。于是小丽继续充值，并不断加大投注，再次赢了20几万元后，却发现提现失败了。短短两周时间，未曾与对方见过一面，甚至没有对方的电话，小丽就被骗走了近200万元。

网上交友切记：

（1）不要随意轻信网上之人。时刻保持警惕，不要轻信“附近的人”“恋人”，要提防“高富帅”“白富美”之人。

（2）不要随便约见。通过网络平台认识的朋友，有些背景非常复杂，很难认清人物的真实面目，因此，不要随便约见。

(3)不要随便相信能“赚大钱”。对你有金钱上的求助以及把网络上能“赚钱”说得天花乱坠的人，要时刻提防。天底下没有掉馅饼的好事。

(4)保留相关证据。一旦发现被骗，立即拨打电话110或者96110报警求助。相关证据包括聊天记录、手机号码、汇款账号等。

(三)交友要有“积极防卫心理”

社会复杂，很多行骗者利用学生的心理弱点如爱慕虚荣、急功近利、贪图享乐等，伪装成社会成功人士，投其所好，而学校学生思想单纯，缺乏生活经验，疏于防范，轻率行事，屡屡被骗子得手。

案例

15名女大学生被大叔骗财骗色

年近四十的无业游民田福生化名“田北冥”，在QQ交友聊天中，谎称自己是清华及北大的双硕士，公司CEO，经营红木等奢侈品。四年间，15名女大学生对他死心塌地，愿意给他钱并与其发生性关系，其间，田福生骗取其中8人总计35.4万元。这些受害者多是20岁左右的女大学生，甚至有两位受害人还是一个宿舍的同学。

俗话说“害人之心不可有，防人之心不可无”。这些女学生之所以被骗，除了自身爱慕虚荣等心理之外，还有一点就是随便轻信他人，缺乏防卫心理。因此，职业学校学生在与人相处时要做到：

(1)要学会“听”“观”“辨”。对于熟人、同学、朋友介绍的人，在与之交流时，要注意听其言、观其色、辨其行，热情不失控，真诚不轻信。

(2)要谨慎对待初识之人。在没有充分了解及调查对方的情况下，与之交流时，要保持距离，言吐大方，但不露自身底细，防止“言多语失”。对对方说出的身份要提高警惕，不要随便轻信，更不要服用对方赠予的食物或饮料。

(3)要小心对待不相识的生人。面对生人，态度热情，但要有防备之心，处事要小心，不要单独行事，必要时约上同学或朋友在集体环境中接待。

三、防止校园纠纷

校园日常生活里，学生之间难免会发生纠纷，严重时还可能引起打架斗殴，甚至造

成伤亡事故，因此，防止校园纠纷是维护校园安全的重要保障。

（一）发生纠纷的主要原因

（1）玩笑开过火引发纠纷；

（2）随便拿别人的东西引发纠纷；

（3）刻意侮辱或挖苦引发纠纷；

（4）拉帮结派引发纠纷；

（5）出言不逊或不尊重他人引发纠纷；

（6）猜忌他人引发纠纷；

（7）狂妄自大、目中无人引发纠纷；

（8）极端利己、不容他人引发纠纷；

（9）不拘小节不被理解引发纠纷。

（二）发生纠纷后的表现形式

一是争吵斗嘴、互相攻击、谩骂；二是你推我搡，争吵不断；三是打架斗殴，最后大打出手。纠纷一般以争吵、拌嘴开始，然后以打架甚至造成伤害告终。还有其他的形式就是恐吓信、造谣、污蔑。

案例

2019 年 1 月 8 日，盘州市人民法院民事审判一庭庭前成功调解一起健康权纠纷。

原告华某某与被告裴某系同班同学，均为 15 周岁。2019 年 4 月 1 日，课间休息时，裴某从华某某背后将其扑倒，造成华某某左腿、踝关节等多个部位受伤。华某某因伤住院治疗 60 余天，所受伤经鉴定为九级伤残，需后续治疗费 1.5 万元，评定休息期为 180 日、护理期为 90 日、营养期为 90 日。华某某因此诉至法院要求裴某及其父母赔偿其因伤所造成的各项损失 17.49 万元。案件审理过程中，盘州市人民法院准予裴某申请追加盘州市某中学及华某某所投意外伤害险的保险公司为被告参加诉讼。

（三）纠纷的预防

（1）珍惜情谊，珍爱生命。能与同学共在一个屋檐下同窗几年读书，是难得的缘分。

同学之间要相互学习，相互爱护，相互尊重，相互照顾，相互珍爱对方的生命与自己的生命。即使之间出现了矛盾与隔阂，也应想到同学情、友谊深，想办法消除隔阂。

(2)注意安全，切莫鲁莽。同学之间因为开玩笑打打闹闹是常有的事，但是行为不能鲁莽，玩笑不能过大，避免酿成事故。

(3)提高修养，心胸宽广。无论争执由哪方引起，双方最终要冷静处理，决不能情绪冲动。要大度，对于那些小摩擦，双方都要有宽容之心，一笑泯恩仇。

(4)出言冷静，行为克制。俗话说“病从口入，祸从口出”“话不投机半句多”，说明了语言与纠纷的关系。职业学校的学生在与人交流时甚至是与人意见不合时，也要注意言语，不要恶语伤人，不要强词夺理，引发矛盾。遇矛盾时，多说“对不起”“很抱歉”“请原谅”，别人道歉时，多回敬“别客气”“没关系”，不激发矛盾。

第四节　大型活动安全

案例

王菲重庆演唱会观众区坍塌事故

2012年2月17日晚重庆奥体中心举行的王菲重庆演唱会出现意外。舞台右边靠出口的所有区域发生地板垮塌，落差在1.5米左右，王菲演出将延至2月19日晚举行。重庆市政府新闻办通过微博透露，王菲演唱会现场A3座位边缘席因垫板移位导致部分座位滑塌，事故已经导致64人受伤6人骨折，王菲在微博上向观众致歉。

一、了解大型活动特点，重视活动安全

这里所说的公共活动一般是指比较大型的公共活动，如联欢会、迎新会、大型会议等，这些公共活动丰富了学生的生活，也开阔了学生的视野，但这些大型公共活动中的安全也是一个不容忽视的重要问题，需要对其进一步了解。

(一)大型公共活动的特点

(1)人员数量较多。大型公共活动一般是有组织、有计划、有领导的集体活动。例

如，每年学校组织的迎新晚会，在室内举行的人数至少在200人以上。有时干脆在露天举行，让每个新生都能参加，人数也激增到几千甚至上万人。如此多的参与人员，各种纠纷与摩擦也会随之而来。

（2）人员结构复杂。学校在室内场所搞的大型活动，参与的人员主要是老师和学生，但还有些是在较为开阔的场所举办的活动，参与人员就较为复杂了。有家属、朋友，还有来自周边附近的居民、社会青年等。所以在管理上有一定的难度。

（3）人员集中、活动范围受限。多数情况下，大型公共活动是在一定区域内举行的，众多的参加人员集中在有限的范围内，一旦发生意外情况，人员混乱拥挤，疏散不便，秩序难以控制，对人身安全就会形成较大威胁，严重者还会造成各种伤亡事故。

（二）大型公共活动中常见的安全问题

（1）火灾事故。重大火灾事故一般发生在相对封闭的场馆或室内，火灾的诱因也多种多样，其中不乏众多的人为因素，一方面，是消防管理薄弱，防范工作不到位，从而导致火灾隐患在某种条件下演变为火灾；另一方面，个别参加大型活动的人安全意识不强，违反安全管理制度也可能成为引发火灾事故的原因。因此，学生在参加大型公共活动中，一定要严于律己，遵纪守法，这不仅能够提升学生的文明形象，同时也是保证自己和他人安全的大事情。

（2）群体纠纷。群体纠纷可分为个人与群体的纠纷、群体与群体的纠纷两大类。尤其是群体与群体的纠纷，在大型公共活动中比较常见，危害后果更为严重。

二、做好审批、策划与预防工作

大型活动审批、策划和组织工作中应该注意的事项：

（1）学生准备组织大型活动前，应按学校规定办理申报审批手续，上报活动的目的、任务、要求、名称、主办和协办单位、规模、形式、时间、地点、安全措施和负责人姓名等内容。大型活动审批实行一事一报制。邀请校外团体、个人来校开展活动，组织者必须提供被邀请者的详细情况。

（2）如经审查，活动不符合安全要求而不予批准，主办者不得擅自组织开展。

（3）大型活动的安全工作坚持“安全第一，预防为主”的方针，按照“谁主办，谁负责”的原则，由主办者对安全工作全面负责。

三、大型活动中的安全问题预防应注意的事项

（1）考察场地，做好安全部署。举行大型的公共活动，要对举办场地进行实地考察。

首先，看场地设施是否符合安全要求。例如，消防设施配备是否齐全，能否正常使用，活动场地出入通道是否畅通，还有夜间活动是否有足够的照明设备及停电应急措施等。其次，考察完成之后，要对有安全隐患之处进行整改。例如，对安全出口、安全通道做好标示，张贴一些温馨提示，必要之处要派安保人员进行管理等。

(2)加强活动组织人员的安全意识与沉着应对突发事件的能力。大多数事故都有突发性，使人猝不及防。无数经验证明，事到临头，临危不惧，保持冷静的头脑和理性的状态是能否化险为夷、转危为安甚至死里逃生的重要主观条件。以火灾为例，火灾的发生往往都是瞬间的、无情的、残酷的。根据火灾现场调查，在各种恶性火灾事故中，80%的死者都是因烟熏窒息而死的。所以，作为活动的组织者，能够在突发事件发生时保持清醒头脑，引导参与活动的人员用正确的方法自救，并紧急疏散、逃离危险区域，成为安全预防中一个重要环节。

(3)加强对参与活动的学生进行安全教育。学校的大型活动参与者的主体都是学生，在参加活动之前，各班辅导员或班主任要对学生进行安全意识的教育，学会一些常见的自救与逃生的办法，一旦发生紧急情况，可以避免慌乱，更好地配合指挥人员的管理。

(4)加强安检工作，严禁携带危险品入场。在公共活动中要特别重视安全检查工作，发现带有刀具和易燃、易爆、剧毒等违禁物品一律禁止入内。同时，对于破坏公共物品、打架斗殴等都要加以制止，发现一些潜在的危险后要立即排除。

总之，只要做好活动前的充分准备，把一些细节都考虑妥当，大型公共活动中的安全问题就可以降到最低程度，即使有突发事件发生，也能够及时、有效地应对。

第七章

应急自救

第一节 突发公共事件

一、突发公共事件的含义

突发公共事件是指突然发生，造成或者可能造成重大人员伤亡、财产损失、生态环境破坏和严重社会危害、危及公共安全的紧急事件。突发公共事件具有危机的特质。在一定意义上说突发公共事件就是突发公共危机事件，具有突发性、不确定性、威胁性、紧迫性、持续性、广泛性等特征。

二、突发事件的分类与分级

（一）突发事件分类

1. 自然灾害

主要包括水旱灾害、气象灾害、地质灾害、海洋灾害、生物灾害和森林草原火灾等。

（1）气象灾害是较为极端的天气气候事件，对人类的生命财产和国民经济建设及国防建设等会造成的直接或间接的损害。主要包括台风、暴雨（雪）、寒潮、大风（沙尘暴）、低温、高温、干旱、雷电、冰雹、霜冻和大雾等所造成的灾害。

近年来，我国气象灾害呈现出种类繁多、分布地域广、发生频率高的特点，严重影响了经济社会发展和人民群众的生产生活，每年造成的经济损失平均在 2 000 亿元以上。

（2）地质灾害是指在自然或者人为因素的作用下形成的，对人民生命财产、环境造成破坏和损失的地质作用（现象）。它的主要类型有地震、崩塌、滑坡、泥石流、水土流失、地面塌陷和沉降、地裂缝、土地沙漠化、煤（岩）和瓦斯突出、火山活动等。

①泥石流是指存在于山区沟谷中，由暴雨、冰雪融化等水源激发的，含有大量的泥沙、石块的特殊洪流。

深圳泥石流事故背后的启示

2015年12月20日11时40分许，广东省深圳市光明新区凤凰社区恒泰裕工业园发生山体滑坡，附近西气东输管道发生爆炸。根据现场指挥部21日上午9时发布的最新消息，目前失联91人，其中59名男性，32名女性。

②地震是由地球内部的变动引起的地壳的急剧变化和地面的震动。

云南江城县4.3级地震已致2 257人受灾

中新网昆明2016年3月7日电（王艳龙　陈静）　云南省江城县外宣办7日发布，截至13时，当日早间发生在该县的4.3级地震已造成505户2 257人受灾，民房受损285间，无人员伤亡及房屋倒塌。

3月7日9时24分42秒，云南省普洱市江城县曲水镇坝伞村大地村民小组（东经102.1度，北纬22.5度）发生4.3级地震，震源深度10千米，全县有明显震感。

（3）生物灾害是指少数生物偶然抢占生态位，导致原有生物种群之间的共生、竞争、协同等平衡关系遭到破坏，超出了生态系统自身恢复能力，导致人员、财产、环境等产生损失。

2. 事故灾害

主要包括煤矿、非煤矿山、危化品生产企业、建筑等安全生产事故，交通事故，公共

设施和设备事故，核辐射事故，环境污染和生态破坏事故。

(1)安全生产事故。指生产经营活动中发生的意外的突发事件，通常会造成人员伤亡或财产损失，使正常的生产经营活动中断。

 案例

6·13 温岭槽罐车爆炸事故

2020 年 6 月 13 日下午 4 点 40 分左右，一辆满载液化石油气的槽罐车在浙江省温岭市 G15 沈海高速公路出口发生爆炸，引发周边民房及厂房倒塌。最新通报显示，截至 6 月 15 日 7 时许，这起爆炸事故，已造成 20 人死亡。各医院正在全力救治伤员。目前，国务院安全生产委员会决定对事故查处实行挂牌督办，后续搜救及各项善后工作正在有序进行中。

(案例来源：法制日报 2020－06－17)

(2)交通事故。按《中华人民共和国道路交通安全法》第一百一十九条第五项规定："'交通事故'，是指车辆在道路上因过错或者意外造成的人身伤亡或者财产损失的事件。"

(3)核辐射事故。根据《国家环境保护总局辐射事故应急预案》的规定，核辐射事故主要指除核设施事故以外，放射性物质丢失、被盗、失控，或者放射性物质造成人员受到意外的异常照射或环境放射性污染的事件。

主要包括：

①放射源丢失、被盗、失控等核技术利用中发生的辐射事故；

②铀(钍)矿冶及伴生矿开发利用中发生的放射性污染事故；

③放射性物质(除易裂变核材料外)运输中发生的事故；

④国外航天器在我国境内坠落造成环境放射性污染的事故。

3. 公共卫生事件

主要包括突然发生的、造成或者可能造成社会公众身心健康严重损害的重大传染病、群体性不明原因疾病、重大食物和职业中毒以及因自然灾害、事故灾难或社会安全事件等引起的严重影响公众身心健康的事件。

(1)重大传染病疫情，是指某种传染病在短时间内发生，波及范围广泛，出现大量的病人或死亡病例，其发病率远远超过常年的发病水平。

(2)群体性不明原因疾病，是指一定时间内(通常是指 2 周内)，在某个相对集中的

区域(如同一个医疗机构、自然村、社区、建筑工地、学校等集体单位)内同时或者相继出现3例及以上相同临床表现，经县级及以上医院组织专家会诊，不能诊断或解释病因，有重症病例或死亡病例发生的疾病。

4.社会安全事件

主要包括恐怖袭击事件、民族宗教事件、经济安全事件、涉外突发事件、群体性事件以及其他刑事案件等。

(1)恐怖袭击事件。是指极端分子人为制造的针对但不仅限于平民及民用设施的不符合国际道义的攻击方式。从20世纪90年代以来，恐怖袭击有在全球范围内迅速蔓延的严峻趋势。极端分子使用的手段也由最初的纯粹军事打击演化到绑架、残杀平民及自杀、爆炸等骇人的行动。

(2)群体性事件。是指一定数量的人在缺乏法定程序和依据的情况下，产生的具有共同行为指向并对社会秩序造成一定影响的事件。

案例

甘肃一女生坠亡引发群体性事件

2015年12月28日下午，甘肃省金昌市永昌县13岁初一女生赵某在当地城关镇御山城市广场高层坠亡，事件系其偷窃一超市巧克力等食物引发。由于受极少数人员的煽动，30日上午10时40分，有人到华东超市门口摆放花圈引起群众围观，公安机关及时依法进行了处置，12时左右群众陆续散去。下午2时左右，数千名群众再次聚集在华东超市东街店和西街店门口，冲击超市大门，损坏周边道路防护栏，围攻现场维持秩序的公安干警，损坏执勤车辆。

(二)突发事件分级

根据《中华人民共和国突发事件应对法》的规定，按照社会危害程度、影响范围等因素，自然灾害、事故灾难、公共卫生事件分为特别重大、重大、较大和一般四级。法律、行政法规或者国务院另有规定的，从其规定。

突发事件的分级标准由国务院或者国务院确定的部门制定。

(三)突发事件预警分级

根据《中华人民共和国突发事件应对法》的规定，可以预警的自然灾害、事故灾难和

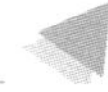

公共卫生事件的预警级别，按照突发事件发生的紧急程度、发展势态和可能造成的危害程度分为一级、二级、三级和四级，分别用红色、橙色、黄色和蓝色标示，一级为最高级别。

预警级别的划分标准由国务院或者国务院确定的部门制定。

第二节 常见突发事件的应对方法

一、自然灾害

（一）台风

台风是发生在热带和副热带洋面上的一种强烈热带气旋。台风经过时常伴随着大风、暴雨和风暴雨天气，是世界上最严重的自然灾害之一。

案例

2020 年 8 月 4 日晨 3 时 30 分前后，今年第 4 号台风“黑格比”在浙江乐清登陆，最大风力 13 级。受台风影响，浙江台州一小区部分房屋窗户被风吹毁，车辆受损，小树被连根吹起，一台洗衣机被吹下楼。在暴风雨中，一名女子去关窗，连窗带人被风吹落坠楼。

（案例来源：红网）

台风来临前需要做好的事情：

（1）密切关注媒体有关台风的报道。

（2）尽量不要外出，更不要在临时建筑、挡土墙、边坡、广告牌、铁塔等附近避风避雨，车辆尽量避免在强风影响区域内行驶，尽量避免在低洼积水区域行驶。

（3）不宜靠近铁塔、变压器、吊机、金属棚、铁栅栏、金属晒衣架等，不要在大树底下以及铁路轨道附近停留。

（4）及时搬移屋顶、窗口、阳台处的花盆、悬吊物及其他杂物等，室外易被吹动的东西要加固；检查门窗、室外空调、太阳能热水器等设施的安全。

（5）准备好手电筒、收音机、食物、饮用水及常用药品等，以备急需；并检查电路、煤气，防范火灾。在台风去后，不要去电线吹落处玩耍。看到落地电线，无论电线是否扯断，都不要靠近，更不要用湿竹竿、湿木杆去拨动电线。若住宅区内架空电线落地，可先在周围竖起警示标志，再拨打电力热线报修。

（二）暴风雨

(1)尽量不要外出。同时立即关好门窗，避开有金属管道的地方，切断家用电器电源。低层居民家中的电器插座、开关等最好移装在离地 1 米以上的安全地方。不要在高楼阳台上逗留，提早将阳台上的盆栽搬到安全地方。一旦室外积水漫进屋内，应及时切断电源，然后将人员转移到安全地区；最后采取一切有效办法，将水挡于门外，并排除室内积水。

(2)在外行走时尽可能绕过积水严重地段，在积水中行走特别要注意观察，防止跌入阴井及坑、洞。如在街上遇到雷雨大风，应立即到室内避雨，不要在孤立的大树、高塔、电线杆、大型广告牌下躲雨或停留；尽量走出地下商场，选择其他避雨场所。

(3)开车时应检查发动机是否进水，如果发现发动机潮湿或者进水，应该赶快停车；不要高速过水沟、水坑。见到积水处不要左闪右避，否则容易使后车司机误解，造成意外；保持足够的安全距离；并线时多看多观察。及时打开夜间行车灯；对于未知水深的路段，下车巡视或者等待。

（三）沙尘暴

(1)沙尘暴即将或已经发生时，应尽量减少外出。

(2)沙尘天气发生时，应戴好口罩或纱巾等防尘用品，以避免风沙对呼吸道和眼睛造成损伤。骑车要谨慎，减速慢行。若能见度差，视线不好，应靠路边推行。远离水渠、水沟、水库等，避免落水发生溺水事故。过马路时注意安全，不要贸然横穿马路。如果伴有大风，要远离高层建筑、工地、广告牌、老树、枯树等，以免被高空坠落物砸伤。在牢固、没有下落物的背风处躲避，或寻找安全地点就地躲避。

(3)发生风沙天气时，不要将机动车辆停靠在高楼、大树下方，以免玻璃、树枝等坠落物损坏车辆，或防止车辆被倒伏的大树砸坏。

(4)从风沙天气的户外进入室内，应及时清洗面部，用清水漱口，清理鼻腔，有条件的应该洗浴，并及时更换衣服，保持身体洁净舒适。

(5)风沙天气发生时，呼吸道疾病患者、对风沙比较敏感的人员不要到室外活动。近视患者不宜佩戴隐形眼镜，以免引起眼部炎症。

(6)一旦有沙尘吹入眼内，不要用脏手揉搓，应尽快用清水冲洗或滴眼药水，保持眼睛湿润，以利于沙尘流出。如仍有不适，应及时就医。

（四）大雾“回南天”

（1）出门时一定要穿鲜亮或深色的衣服。开车时关闭大灯，控制车速，保持相当的安全距离，一般要保持在100米以上。

（2）要提前关闭门窗，防止室外暖湿气流进入。

（3）要注意人体保健。“回南天”气温虽然突升，但这时地面还没有来得及升温，特别是室内地面仍然阴冷潮湿，不要急着换上轻薄的衣裤，特别要注意关节保暖。“回南天”非常有利于细菌生长，食品、衣物易发霉，要特别注意饮食卫生，衣服要及时烘干或熨干，不穿有异味和潮湿的衣物。“回南天”也容易让人疲惫心烦，应多开灯驱除烦闷，多参加社会活动和体育锻炼。

（五）地震

地震是地下岩石的突然断裂引起的地球震动，其根源是地球内部不断运动造成地壳大规模变形。地震是一种自然现象，也是人类面临的主要自然灾害。造成的危害有：一是地表开裂；二是建筑物破坏；三是人员重大伤亡；四是伴有次生灾害如火灾、水灾、瘟疫等。地震给人类和社会造成巨大损失。

案例

- 1923年日本关东大地震，距震中60千米外的东京和横滨成为废墟，约14万人丧生。
- 2008年5月12日，汶川发生大地震。5·12汶川地震共造成6万多人死亡，37万多人受伤，1万多人失踪，是中华人民共和国成立以来破坏力最大的地震，也是唐山大地震后伤亡最严重的一次地震。

地震时注意事项如下：

（1）小地震时躲在桌子底下确实可以避免被上面掉下的东西砸到，但是碰上大地震，那些躲在桌下、床下和柜子里的人往往是最先被压到的。建议平常就要心中有个谱：房间里什么东西最结实。

（2）如果地震时身在高楼层，与其跳楼被摔死、走楼梯被撞伤或乘电梯被困，还不如留在原地找好躲避处。

（3）在高楼层的人最好不要盲目逃命，首先因为下楼要花很多时间；其次在高层走楼梯的话很有可能被掉下来的建筑构件砸伤，会增加中途受伤的概率。而如果在较低楼层的人就可以选择先出楼层，然后找空旷地方等待救援。

（六）泥石流

泥石流是一种严重的自然灾害，是在降水、溃坝或冰雪融化形成的地面流水作用下，在沟谷或山坡上产生的一种携带大量泥沙以及石块等固体物质的特殊洪流。对人民生命财产、交通运输、经济建设、村庄和城镇建设等带来很大危害。

案例

> 2010 年 8 月 8 日凌晨，甘肃甘南藏族自治州舟曲县因暴雨引发泥石流，泥石流冲进县城，造成一千余人死亡。

应对泥石流应注意事项如下：

（1）下雨时不在沟谷中停留或行走，刚下过大雨也不要到野外活动。如果身边发生泥石流、塌方、滑坡险情，不要惊慌，赶紧到坚硬的大岩石块下蹲着，因为大岩石块会挡住从山上滚下来的碎石，人不至于被砸伤；或者躲避在树林密集的地方，因为碎石滚落遇到树就会减速，这样伤害会减小。也可以立刻往与泥石流呈垂直方向的两边山坡上跑，跑得越快、爬得越高越好。

（2）一般发生泥石流的时候，外面的响声特别大，轰隆轰隆的，有时还伴随着牛羊的嘶鸣。此时唯一的办法就是往高处跑，跑得越快越好。

（3）如果正在车里，应迅速观察周围，如果只是小型的泥石流或落石，那还是待在车里比较安全；也可以跑出车外，向高处爬；还可以躲到车的背面。此时一定要仔细观察，如果规模变大，那就要迅速逃离。如果碰巧在隧道内，那就赶紧冲出去；如果在桥上，也要尽快通过，然后把车开到靠近山脊的山腰处，迅速弃车向高处凸出的山腰处跑。注意要避开山脊和山谷。山谷容易有泥石流和滑坡，山脊则可能会塌方。当然不是说山腰就没有以上这些危险，只是相对而言稍微安全些。

（4）设法脱离险境。如果不幸受伤，找不到脱离险境的好办法，就要尽量保存体力，不要乱动，以免使骨头错位，影响下一步治疗。最实用的方法是用石块敲击能发出声响的物体，向外发出呼救信号，不要哭喊、急躁和盲目行动，这样会大量消耗精力和体力，尽可能控制自己的情绪或闭目休息，等待救援人员到来。

（5）如果有遭受泥石流、塌方、滑坡导致受伤的人，首先要将其受伤的部位固定下来，不要晃动；其次就是要想办法包扎，避免流血过多；最后就是快速求援，发出呼救信号。

（七）踩踏

（1）出现踩踏事故，当拥挤的人群向着自己行走的方向拥来时，应避到一边，切记不要逆着人流前进，可以暂时躲进路边商店、咖啡馆等处。注意远离店铺的玻璃窗，以免因玻璃破碎而被扎伤。

（2）如果已陷入人群之中，一定要先稳住双脚，不要弯腰，如有可能，抓住一样坚固牢靠的东西。若被推倒，要设法靠近并面向墙壁，将身体蜷成球状。

（八）溺水

（1）不要独自一人外出游泳，更不要到不熟悉水情或比较危险的地方去游泳。选择安全的游泳场所，对游泳场所的环境卫生、水下情况要了解清楚。

（2）必须要有组织地在熟悉水性的人的带领下去游泳，并指定救生员做安全保护。

（3）要了解自己的身体健康状况，平时四肢容易抽筋者不宜参加游泳或不要到深水区游泳。要做好下水前的准备，先活动活动身体，如水温太低应先在浅水处用水淋洗身体，待适应水温后再下水游泳；有假牙的人应先将假牙取下，以防呛水时假牙落入食管或气管。

（4）对自己的水性要有自知之明，下水后不能逞能，不要贸然跳水和潜泳，更不要酒后游泳。

（5）在游泳中如果突然觉得身体不舒服，如眩晕、恶心、心慌、气短等，要立即上岸休息或呼救。

（6）在游泳中，若小腿或脚部抽筋，千万不要惊慌，可用力蹬腿或做跳跃动作，或用力按摩、拉扯抽筋部位，同时呼叫同伴救助。

二、公共卫生事件

（一）流行性感冒

（1）在流感流行期间，应尽量避免去公共场所或参加大型集会等集体活动，到公共场所应戴口罩，不到病人家串门。

（2）居室要常开窗通风换气，使室内保持阳光充足、空气新鲜。

（3）均衡饮食，适当运动，保持充足的睡眠，避免过度疲劳。

（4）养成良好的个人卫生习惯，勤洗手，避免用手触摸眼睛、鼻子和嘴。打喷嚏或咳嗽时用手帕或纸巾掩住口鼻，避免飞沫污染他人。

（二）病毒性肝炎

（1）拒绝毒品。

（2）大力倡导无偿献血，杜绝非法采、供血。

（3）避免不必要的注射、输血和使用血液制品；应到正规的医疗卫生机构进行注射、输血和使用血液制品，可大大减少感染丙肝病毒的风险。

（4）不与他人共用针具或其他文身、穿刺工具；不与他人共用剃须刀、牙刷等可能引起出血的个人用品。

（三）感染性腹泻

（1）注意饮水饮食卫生，不喝生水，不吃变质食物，尤其注意不要生食或半生食海产品、水产品。

（2）搞好环境卫生，讲究个人卫生，养成饭前便后洗手的习惯。常剪指甲、勤换衣服。

（3）注意劳逸结合，起居有度，生活有规律。加强体育锻炼，增强对疾病的抵抗能力。

（4）当发生腹痛、腹泻、恶心、呕吐等胃肠道症状时，要及时去最近的医疗机构的肠道门诊治疗，以免延误病情。

三、事故灾害

（一）登山迷路

（1）任何情况下首先考虑原路返回，返回到出发前的地点。

（2）仔细衡量后发现来路已经不适合作为退路时，就要开始用手机、对讲机、头灯、镜子或哨子等向外界求救。

（3）通过多种方式证实以上两种方法均无效时，可以尝试攀登上附近最高点，尽量找出清晰和安全的撤离路线。探路撤离时继续做好路标和发出求救信号，并在最初的迷路点留下准确、易理解的信息，告诉可能到来的人数和大概探路方向。

（二）电梯意外

1. 高楼层封闭式电梯

如果遭遇电梯被困事故，首先不要惊慌。因为一般的电梯轿厢上面都有很多条安全钢缆，安全系数很高，所以，电梯一般不会自行下坠。电梯都装有安全保护装置，即使停电，电灯熄灭了，安全装置一般也不会失灵，电梯的安全钳会牢牢夹住电梯轨道，使电梯不至于掉下去。当遇到电梯急坠时，为了防止意外发生，被困人员应马上弯曲双腿，上身向前倾斜，以应对电梯急停可能受到的冲力。

一旦被困，应马上摁下应急铃，或通过电梯内的其他提醒方式求援，让外面的人知道有人被困于电梯中。如果电梯里面有信号，可以拨打电话求助警察；如果无电话或信号不通，可拍门叫喊，或用鞋子敲门。若没人回应，最安全的做法是保持镇定，保存体力，等待救援。切忌在轿厢里扒门或撬门，因为被困的时候，乘客并不清楚轿厢此时的位置，一旦门被打开，就有坠落的危险。

电梯急停与急下坠操作方法如图 7－1、图 7－2 所示。

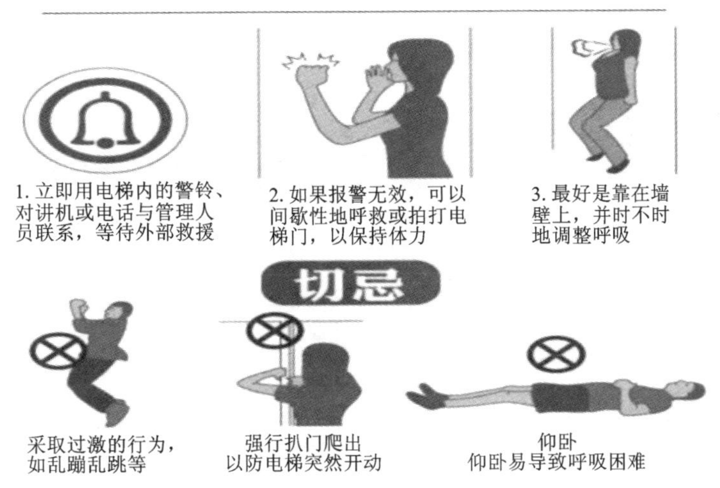

图 7－1　电梯急停操作方法

2. 商场扶手式电梯

每台扶梯的上部、下部和中部都各有一个急停按钮，一旦发生扶梯意外，靠近按钮的乘客应第一时间按下按钮，扶梯就会自动停下，这能有效避免事态的进一步恶化。同时还需做到两手十指交叉相扣，护住后脑和颈部，两肘向前，护住双侧太阳穴。因为滑倒或从高处跌落时，如果颈部受到强烈的撞击，是很危险的。不慎倒地时，双膝尽量前屈，护住胸腔和腹腔的重要脏器，侧躺在地。当发现前面有人突然摔倒了，要马上停下脚步，同时大声呼救，告知后面的人不要向前靠近。

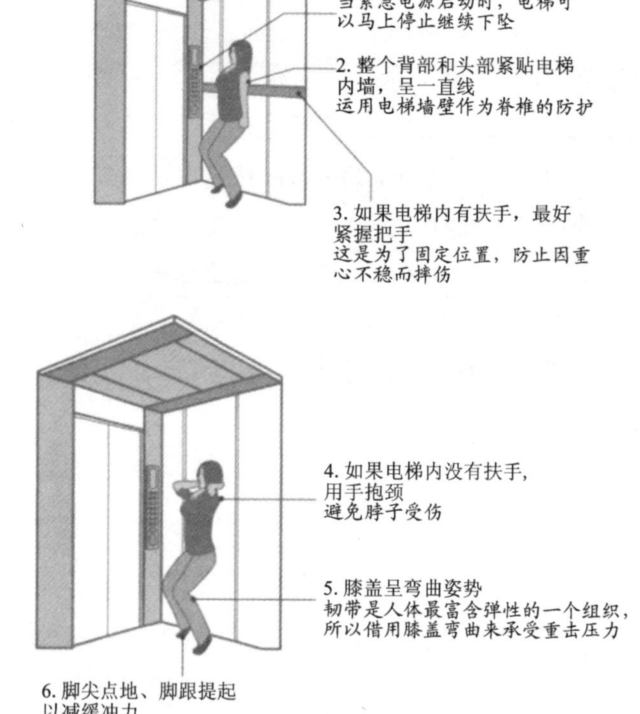

图 7－2　电梯急下坠操作方法

（三）异物卡喉

 **案例**

2019 年 6 月 17 日中午，衢州市实验学校的一名学生在用餐时，不小心被异物卡喉，脸和嘴唇立即发紫，关键时刻，该校刘绍光老师利用海姆立克急救法，使孩子转危为安，吐出了异物！

近几年来，经常有被异物卡喉致死的报道。医生提示，被异物堵塞气管，黄金抢救时间只有 5～10 分钟，应立马用“海姆立克急救法”！

海姆立克急救法被人们称为“生命的拥抱”。海姆立克急救法是以美国医生海姆立克名字命名的。1974 年美国医生海姆立克成功抢救了一名因食物堵塞了呼吸道而发生窒息的患者。此方法成功拯救了无数患者，包括美国前总统里根、著名女演员伊丽莎白·泰勒等等。

1. 海姆立克急救法的物理原理

可以将人体的肺部设想成一个气球，气管就是气球的气嘴儿，假如气嘴儿被异物阻塞，可以用手捏挤气球，气球受压球内空气上移，从而将阻塞气嘴儿的异物冲出，这就是海姆立克急救法的物理学原理。

2.“海姆立克”征象

异物卡喉患者，不能说话，不能呼吸，患者可能会用一手或双手抓住自己的喉咙。也可能会出现这些征象：病人不能说话或呼吸；面、唇青紫；失去知觉。

3. 海姆立克急救法的方法

急救者环抱患者，突然向其上腹部施压，迫使其上腹部下陷，造成膈肌突然上升，这样就会使患者的胸腔压力骤然增加。由于胸腔是密闭的，只有气管一个开口，故胸腔(气管和肺)内的气体就会在压力的作用下自然地涌向气管，每次冲击将产生 450 ~ 500 毫升的气体，从而就有可能将异物排出，恢复气道的通畅。

4. 海姆立克急救法的具体步骤

(1)三岁以下小儿发生异物卡喉救助时(见图 7 – 3)

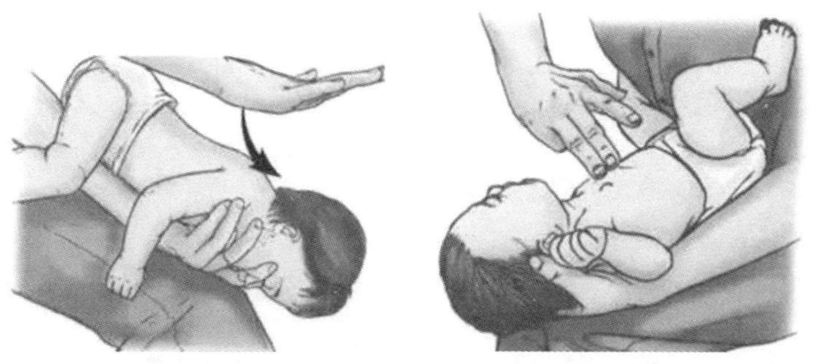

图 7 – 3　小儿发生异物卡喉时救助图

①家长应沉着冷静，立即将婴幼儿两腿分开，置于操作者一侧手臂或膝盖上，头部低于身体。用手掌根在肩胛间区快速拍背 1 ~ 5 次。

②将患儿翻转身，仍保持头低位，在胸骨中部给予四次快速胸部推压，手法同胸外心脏按压，注意手法轻柔。

③避免用手指清除气道异物除非已能看见异物。

(2)成人异物卡喉，救护者救助时

①救护者站在受害者身后，从背后抱住其腹部，一手握拳，拳心向内按压于受害人

的肚脐和剑突之间的部位（肚脐向上两横指处）（图 7－4）。

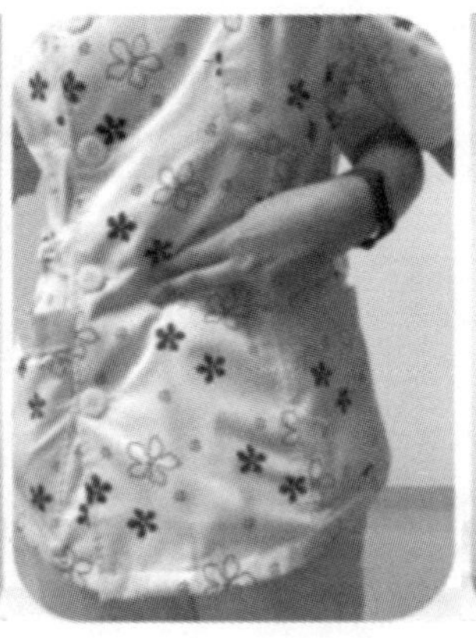
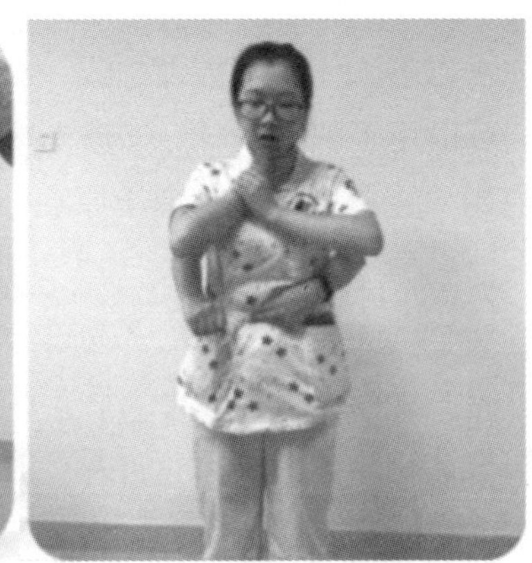

图 7－4　步骤一

②将患者背部轻轻推向前，使患者处于前倾位，头部略低，嘴要张开，有利于呼吸道异物排出（图 7－5）。

③另一手置于拳头上并握紧，双手急速冲击性地向内上方压迫其腹部，反复有节奏、有力地进行，以形成的气流把异物冲出（图 7－6）。

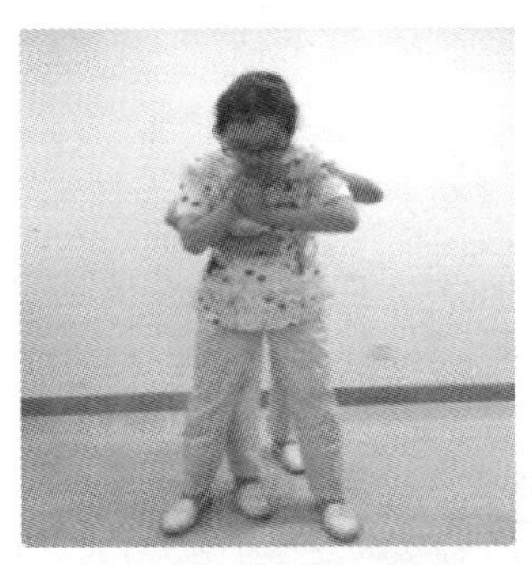

图 7－5　步骤二

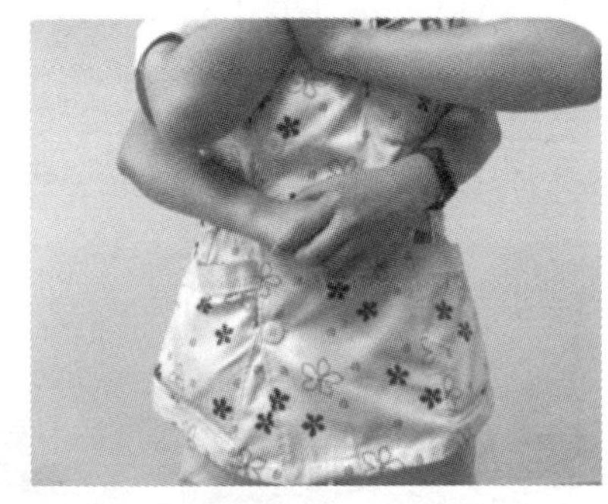

图 7－6　步骤三

（3）自己异物卡喉，无救护者救助时

第一种方法：一手握拳，另一手掌捂按在拳头之上，双手急速冲击性地向内上方压迫自己的腹部，反复有节奏、有力地进行。

第二种方法：稍稍弯下腰去，靠在一固定物体上（如桌子边缘、椅背、扶手栏杆等），以物体边缘压迫上腹部，快速向上冲击，重复之，直至异物排出。

（四）心脏骤停

案例

> **现学现用救父一命**
>
> 2020 年 6 月 6 日凌晨，韩国庆尚南道消防局接到一名小学生的电话，称他的父亲在睡梦中脸色苍白。接线员判断这是急性心梗的表现，于是立即与这名学生进行视频通话，向他展示了心肺复苏的操作图片，孩子现学现用，救回父亲一命。
>
> （案例来源：中国教育报公众号）

1. 心肺复苏的定义

心肺复苏是一种针对心脏病突发、溺水、触电等各种原因导致的心脏骤停患者的急救措施，主要包括胸外按压和人工呼吸，供给心脑重要脏器血流和氧气。

黄金四分钟：心搏骤停 4 分钟内进行心肺复苏，患者救活率可达 60%，每拖延一分钟，抢救成功率就会下降 7% ~10%。

2. 如何判断需不需要进行心肺复苏

（1）拍打、摇动同时大声呼唤患者，判断患者是否有反应。

（2）观察患者胸部有无起伏，靠近口鼻能否感受气息以判断患者呼吸状况。

（3）触摸患者颈侧动脉（时间不超过 10 秒）以判断心跳状况。

3. 心肺复苏的操作要领

（1）开始心肺复苏前，拨打急救电话；

（2）胸外按压

①让患者仰卧躺平。

②左手掌根部置于病人两乳头连线的中点处，右手掌压在左手背上，双手交叉互扣。

③上身前倾，以掌根垂直用力，将患者的胸下压 5 ~6 cm，然后放松，按压和放松时间各占 50%。

④胸外按压每分钟 100 ~120 次，连续按压 30 次，人工呼吸 2 次，按照按压与呼吸比例 30∶2 循环进行。

（3）打开气道

①进行胸外按压后，患者可能会出现呕吐的情况，这就需要施救人员打开患者气

道，清理其口腔异物。

②可用双手扶住患者头部，使其偏向一侧，液体状异物可以顺势流出，也可以将食指或小指包上纱布、手帕，从口腔中掏出异物，如患者有假牙也应取出，以防脱落滑入气道造成窒息。

③当患者丧失意识后，舌根容易黏附于咽部后壁，造成气道阻塞，需打开气道：应用手压住前额，另一手中指和食指将患者下颌向上抬起，让头充分后仰，至下颌角与耳垂连线与地面垂直。

(4) 人工呼吸

①救助者一手压住患者额头，使其头后仰，捏住患者鼻孔，另一手提下颚，保持患者气道畅通，然后用口唇严密包住患者嘴唇，平稳向内吹气。

②如果吹气有效，患者胸部会鼓起，并随着气体呼出而下降，每次吹气持续 1 秒，避免气过多或过猛。

4. 心肺复苏的操作步骤

心肺复苏的操作步骤如图 7－7 至图 7－14 所示。

图 7－7　环境安全

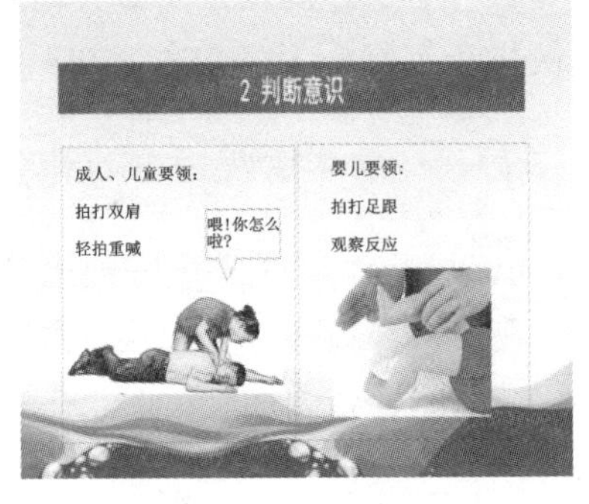

图 7－8　判断意识

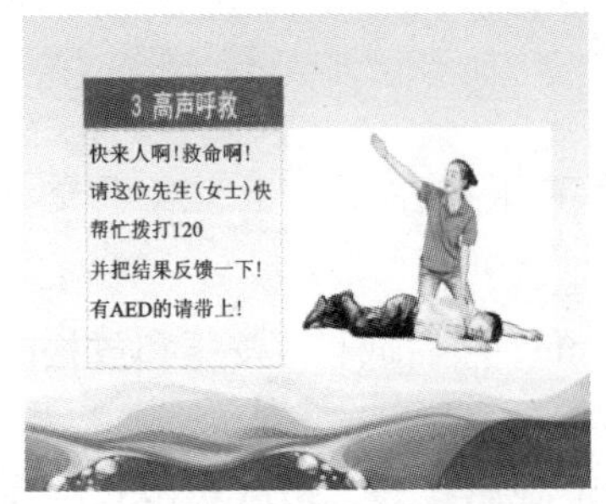

图 7－9　高声呼救

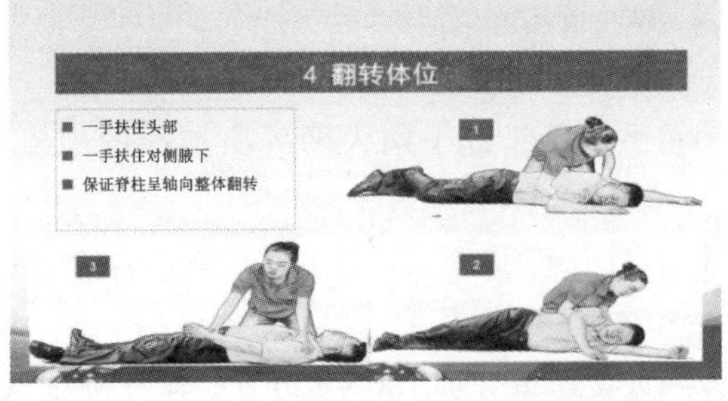

图 7－10　翻转体位

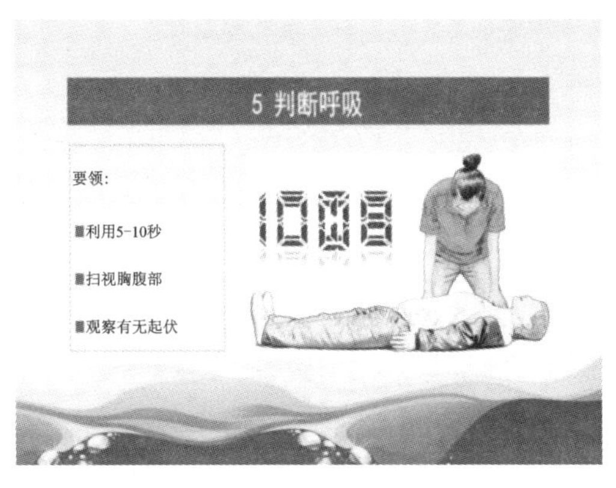

图 7-11 判断呼吸

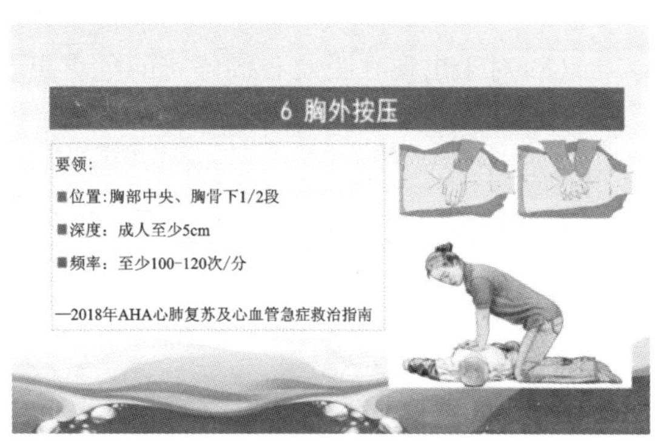

图 7-12 胸外按压

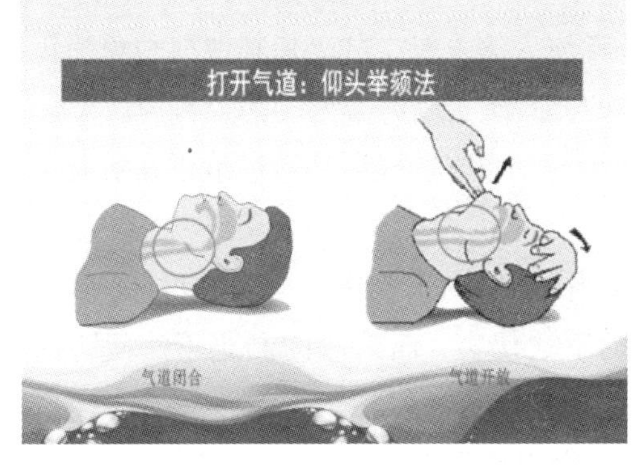

图 7-13 仰头举颏发

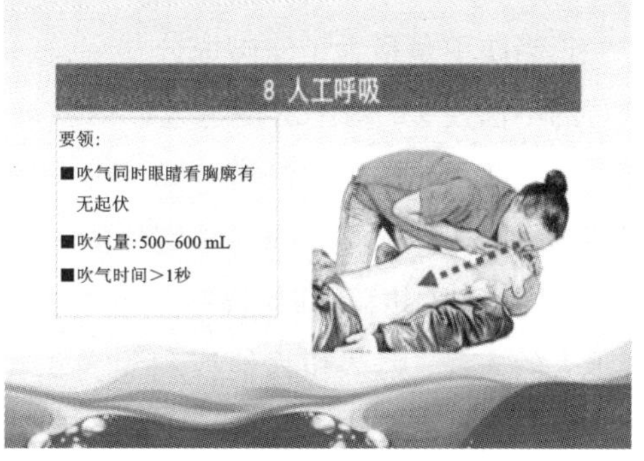

图 7-14 人工呼吸

(五)一氧化碳中毒

一氧化碳是一种无色无味的气体，不易察觉。血液中血红蛋白与一氧化碳的结合速度比与氧的结合速度要快400倍，而分离速度很慢，人一旦吸入一氧化碳，氧便失去了与血红蛋白结合的机会，组织细胞无法从血液中获得足够的氧气，大脑、心脏等各个脏器缺氧，致使头痛、恶心、呕吐等现象，严重者脑受损、昏迷甚至死亡。

一氧化碳中毒后的急救办法：

(1)一旦一氧化碳中毒，应立即开窗通风；

(2)迅速将患者转移至空气流通之处；

(3)给患者松解衣扣，保持呼吸通畅，清除口鼻分泌物，充分给以氧气吸入；

(4)注意保暖，避免受凉；

(5)禁止使用易产生明火、电火花的设备；

(6)禁止在有一氧化碳的场地打电话；

(7)尽快在安全地带拨打120急救电话；

(8)对于出现呼吸及心跳停止的危重患者，应立即给予心肺复苏。

第三节　正当防卫与紧急避险

一、正当防卫

(一)正当防卫的概念

正当防卫是指为了使国家公共利益、本人或者他人的人身、财产和其他权利免受正在进行的不法侵害，对不法侵害人以损害某种利益的方式所实施的必要的防卫行为。

正当防卫是国家立法机关赋予公民的一项重要权利，这项权利是通过给正在实施不法侵害的行为人造成某种损害来实现的。

《中华人民共和国刑法》第二十条规定："【正当防卫】为了使国家、公共利益、本人或者他人的人身、财产和其他权利免受正在进行的不法侵害，而采取的制止不法侵害的行为，对不法侵害人造成损害的，属于正当防卫，不负刑事责任。"

从主观方面看，实施这种行为的动机目的，是由于行为人面对不法侵害的情况，为了保护国家、公共利益、本人或者他人的合法利益而采取的一种反击行为，以抵制或限制不法侵害的发生，行为人不存在危害社会的故意或过失。从客观方面看，正当防卫是同违法行为做斗争，保护国家、社会和人民利益的行为，是正当合法的，而非危害社会的行为。正基于此，我国刑法才明确规定正当防卫不负刑事责任。

(二)正当防卫的构成要件

正当防卫的成立条件，一般来说，是指制约和决定防卫行为是否符合法律规定的诸要素，它决定着防卫是否正确合法，是区分正当防卫与危害社会行为的标准。

1.起因条件——有现实存在的不法侵害行为

所谓不法侵害行为，是指客观上发生的社会危害行为。而社会危害行为是指行为人主观上具有故意或过失，在客观上有社会危害性的违法犯罪行为。但是，在一定条件下，某种侵害行为，在客观上具有社会危害性，而其行为人的主观方面可能并不具有故意或过失。例如意外事件就是这样。

正当防卫是法律为公民设定的一项权利，它只有遭到不法侵害时才能行使。如果不存

在不法侵害，正当防卫就无从谈起，这是正当防卫的本质所在。首先，必须有不法侵害存在，这就排除了对任何合法行为进行正当防卫的可能性，这里的不法是“违法”“非法”的意思。所以，对于下述行为，无论是被侵害的人还是第三者，都无权进行防卫：对依法执行公务或合法命令的行为；公民依法扭送正在实施犯罪或犯罪后立即被发觉的，或通缉在案的，或越狱在逃的，或正在被追捕的人犯；正当防卫的行为；紧急避险的行为等。其次，不法侵害必须是现实存在的，不法侵害必须是客观真实存在的，而不是行为人所臆想或推测出来的。再次，不法侵害通常应是人的不法侵害。最后，不法侵害不应限于犯罪行为，还应包括属于一般违法的不法侵害。

2. 时间条件——不法侵害正在进行

正当防卫的时间条件，是指可以实施正当防卫的时间：不法侵害正在进行。

所谓正在进行，是指不法侵害已经开始而尚未结束。不法侵害已经开始，一般来说可以理解为侵害人已经着手直接实行侵害行为。例如，杀人犯持刀向受害人砍去，殴打他人者对受害人举拳打击等，不法侵害就已经开始。但在某些情况下，虽然不法侵害尚未着手实行，但合法权益已直接面临被侵害的危险，不实行正当防卫就可能丧失防卫的时机。在这种情况下，进行正当防卫也是适宜的。不法侵害尚未结束，是指不法侵害行为或其导致的危害状态尚在继续中，防卫人可以用防卫手段予以制止或排除。

不法侵害的尚未结束，可以是不法侵害行为本身正在进行中，例如纵火犯正在向房屋泼汽油；也可以是行为已经结束而其导致的危险状态尚在继续中，例如抢劫罪犯已打昏物主抢得某种财物，但他尚未离开现场。在上述两种情况下，防卫人的防卫行为均可有效地制止不法侵害行为，或排除不法侵害行为所导致的危险状态。

3. 对象条件——针对不法侵害者本人实行

对于共同犯罪，因为参与犯罪的每个人都实施了犯罪行为，对每个共同犯罪人都可以实行正当防卫。对于未参与不法侵害的人不能实行防卫。不法侵害是人的积极的行为，是通过人的身体外部动作进行的。制止不法侵害就是要制止不法侵害人的行为能力。正当防卫必须针对不法侵害者本人实行，不能针对任何第三人进行。

4. 主观条件——为了使国家、公共利益、本人或者他人的人身、财产或其他权利免受正在进行的不法侵害

主观条件即防卫目的的正当性。保护合法权益，表明防卫目的的正当性，是正当防卫成立的重要条件，也是刑法规定正当防卫不负刑事责任的根据。

就防卫目的的正当性的具体内容来说，一般可以分为以下三类：一是保护国家、公共利益对正在进行的不法侵害实行正当防卫；二是保护本人的人身、财产或其他权利的自我

防卫；三是保护他人的人身、财产或其他权利而对正在进行的不法侵害实行正当防卫。这种动机可能是路见不平、挺身而出、见义勇为的正义感，或者是对亲属朋友的道义责任感。

就正当防卫的主观条件来讲，我们要注意区分形似正当防卫实为违法犯罪的以下四种情况：

(1)防卫挑拨。正当防卫成立的实质在于防卫目的的正当性。如果行为人为达到某种目的，以挑拨、寻衅等手段，故意激怒、诱使他人向自己实施侵害，尔后借口“防卫”，造成他人伤亡的，则是防卫挑拨，不是正当防卫，这种挑拨行为的外在表现似乎符合正当防卫的客观条件，实则不然。因为对方的不法侵害是由挑拨者故意诱发的，挑拨者意在加害对方，不具有防卫目的的正当性，而是一种预谋性的违法犯罪行为，应按其行为的性质分别论处。

(2)相互斗殴。双方互相殴击或厮打的行为为相互斗殴，它可表现为聚众斗殴或多人厮打，也可以表现为双方均为单人殴击或厮打。只要形成相互斗殴，双方的行为就都是违法的，任何一方都不是正当防卫。任何一方给对方造成损害的，都要负法律责任。但是，相互斗殴行为的双方，若一方已停止了自己的殴打行为，而另一方仍不罢休，继续殴打对方，这时，继续殴打的一方就成为不法侵害者，就应允许停止殴打的一方实行正当防卫。当然，停止殴打的一方应确实脱离现场，扔掉工具，确实不殴打也不打算再殴打。

(3)为保护非法利益而实行的还击行为。由于其不具有防卫目的的正当性，因而也不是正当防卫行为。例如盗窃犯为了保护窃得的财物而将抢劫其赃物的人打伤或者打死；赌博犯为了保护赌资而将另一行抢的赌徒打伤或者打死等行为都是为了保护其非法利益，并不是为了保护其合法权益，因而并不是排除社会危害性的行为，正当防卫不能成立。

(4)“大义灭亲”。亲属间将违法犯罪的人员私自处置的情况时有出现，但是对于违法犯罪分子，除国家执法机关外，任何机关及个人都不能处置，因此，这种“大义灭亲”不是正当防卫。发现亲属正在进行违法犯罪活动而进行的斗争则另当别论。

(三)防卫过当

1. 防卫过当的概念

防卫过当，是指防卫超过必要的限度，造成不应有的损害的行为。其基本特征是：首先，在客观上具有防卫过当的行为，并对不法侵害人造成重大的损害。其次，在主观上当事人对其过当结果有罪过。在防卫过当的场合，行为人对于其过当行为及其结果，主观上不可能出于直接故意，因为正当防卫的目的与犯罪的目的，在一个人的头脑中不可能同时并存，因此，罪过的形式在主观上表现为间接故意和过失。

对防卫过当的处理应具体情况具体对待。若防卫过当是在间接故意的心理状态支配下客观上造成了死亡结果的可定为故意杀人罪(防卫过当)；若防卫过当是在过失的心理状态

支配下客观上造成了死亡结果的可定为过失杀人罪（防卫过当）；造成重伤也是如此。

2. 特殊防卫权

《中华人民共和国刑法》第二十条第三款规定："对正在进行行凶、杀人、抢劫、强奸、绑架以及其他严重危及人身安全的暴力犯罪，采取防卫行为，造成不法侵害人伤亡的，不属于防卫过当，不负刑事责任。"实际上，这是对正当防卫的限度条件"防卫不能明显超过必要限度造成重大损害"的突破，与1979年刑法相比，这也是新刑法所增加的新内容。

法律之所以如此规定，是因为行凶、杀人等严重危及人身安全的暴力犯罪，其侵害的强度极大，对人身安全的危害极其严重，而且具有高度的紧迫性，使被侵害者的人身安全处于非常危险紧迫的状态，从而产生极大的危急恐惧感，在这种情况下往往必须采取可能导致侵害者伤亡的暴烈手段才有可能制止其不法侵害。也就是说，这种造成不法侵害者伤亡的暴烈的防卫手段是为制止不法侵害所必需的，因而是合理的、适当的。

二、紧急避险

（一）紧急避险的概念

根据我国刑法第二十一条的规定，紧急避险是指为了使国家、公共利益、本人或者他人的人身、财产和其他权利免受正在发生的危险，不得已而采取的损害另一较小利益的行为。根据法律的规定，紧急避险行为，不负刑事责任。紧急避险的特点是：第一，从客观上看，它是在处于极其危险的状态下，不得已而采取的损害较小的合法权益来保全较大的合法权益的行为；第二，从主观上看，行为人实施紧急避险的目的是为了使国家、公共利益、本人或他人的人身、财产和其他权利免受正在发生的危险，没有犯罪的故意或过失；第三，从总体上看，紧急避险行为不仅不具有社会危害性，而且是一种有益于社会的合法行为，这也是刑法规定紧急避险行为不负刑事责任的根据所在。

（二）紧急避险的构成要件

由于紧急避险是采用损害一种合法权益的方法以保全另一种合法权益，所以，只有在一定条件下，它才是合法的，才能排除犯罪行为，才能真正成为对社会有利的行为。

1. 起因条件——一定危险的存在

只有当合法权益受到一定危险的威胁时，才会产生实行紧急避险的需要。危险的来源主要有：①自然的力量，如地震、水灾、台风等；②动物的侵袭；③来源于疾病、饥饿等生理机能造成的危险；④人的违法犯罪行为。无论哪种危险，都必须是真实存在的。如某民航班机，在飞行途中突然遇到恶劣的寒冷天气，飞机表面结冰，重量增加，被迫下降，情况紧急，飞行员为了保障旅客的生命安全，防止飞机超重坠毁，在没有其他有效措施可采取的情况下，只得命令将过重的行李、物品抛出舱外。从表面上看，飞行员的行为似乎具有故意毁坏财产罪的犯罪构成，实际上却是紧急避险的合法行为。

如果事实上并不存在危险，但行为人误认为有危险发生，因而对第三者合法权益造成损害的，由于不存在避险的起因条件，不是紧急避险，而是假想的避险。对假想的避险，应按解决事实认识错误的原则来处理。例如，一货船夜间航行在海上，船长见有月晕，便推测必有风暴来临，是时正有海风吹过，掀起阵阵大浪，船长误认为风暴来临，已威胁船只安全，于是下令将部分货物抛入海中。一场虚惊之后，风平浪静，并没有风暴危险，这就是假想避险。

2. 时间条件——危险正在发生

正在发生的危险必须是迫在眉睫，对国家、公共利益和其他合法权利已直接构成了威胁。对于尚未到来或已经过去的危险，都不能实行紧急避险。否则就是避险不适时。例如，海上大风已过，已经不存在对航行的威胁，船长这时还命令把货物扔下海去，这就是避险不适时，不属于紧急避险。

3. 主观条件——避险意图的存在

行为人实施紧急避险的目的，是为了保护合法权益免遭正在发生的危险的损害，这也是紧急避险成立的主观条件。合法权益，根据法律的规定，包括国家利益、公共利益、本人或者他人的利益。行为人如果出于保护非法利益的目的，不允许实行紧急避险。如一艘走私的货船为避免触礁的危险，为了保护自己的走私货物而将附近一艘渔船撞沉，就不能认为是紧急避险。

4. 可行性条件——不得已性

由于紧急避险是通过损害一个合法权益来保全另一个合法权益，所以只有在不得已、没有其他方法可以避险时，才允许实行紧急避险。如果并非出于迫不得已，还有其他方法可以避险时，就不能实行紧急避险。

如王某乘坐市公共交通公司的公共汽车回家，当时正值下班乘车高峰期，车上很拥挤，王某只得站在公共汽车门口的踏板上，身体倚靠着车门。当车行至距某站台尚有20米处时，售票员张某见有人招手要上车，在未提醒站在车门附近的乘客注意的情况下，打开了车门。王某为避免摔出车外，情急之下抓住了站在她前面的乘客何某的衣服，造成何某西服上衣的袖子被撕破，肩上背的一个笔记本式电脑滑下并摔在地上。在这一案例中，王某为避免摔出车外抓住何某的衣服，是迫不得已，当时根本没有其他方法可以避险，故王某的行为属于紧急避险。

5. 对象条件——第三者的合法权益

它只能针对第三者的合法权益来实施。所谓第三者，是指与损害危险的发生毫无关系的人，这是紧急避险的对象。损害第三者的合法权益（上例中的何某的衣服和电脑受损），主要是指财产权益、住宅不可侵犯权等，一般情况下，不允许用损害他人生命或健康的方法来保护另一合法权益。

6. 限度条件——不能超过必要限度造成不应有的损害

紧急避险的必要限度就是要求避险行为所引起的损害应小于所避免的损害，二者不能相同，更不能允许大于所要避免的损害。因为，紧急避险所要保护的权益与所损害的权益都是合法的权益，在两个合法权益发生冲突的情况下，只能是“两利相权取其重，两害相权取其轻”，只有牺牲较小的权益来保护较大的权益，才符合紧急避险的目的。“两利相权取其重，两害相权取其轻”应掌握以下标准：①一般情况下，人身权利大于财产权益；②在人身权利中，生命是最高权利；③在财产权益中，应以财产价值进行比较，从而确定财产权益的大小；④当公共利益与个人利益不能两全时，应根据权益的性质及内容确定权利的大小，并非公共利益永远高于个人利益。

三、正当防卫与紧急避险的异同

（一）正当防卫与紧急避险的相同点

（1）目的相同。两者都是为了保护国家、公共利益、本人或他人的合法权益。

（2）前提相同。两者都必须是合法权益正在受到侵害时才能实施。

（3）责任相同。两者超过法定的限度造成相应损害后果的，都应当负刑事责任，但应减轻或者免除处罚。

（二）正当防卫与紧急避险的不同点

（1）危害的来源不同。正当防卫的危害来源只能是人的违法犯罪行为；紧急避险的危害来源既可能是人的不法侵害，也可能来源于自然灾害，还可能是动物的侵袭或者人的生理、病理疾患等。

（2）行为的对象不同。正当防卫行为的对象只能是不法侵害者本人，不能针对第三者，是正义与邪恶的较量；而紧急避险行为的对象则必须是第三者，是合法行为对他人合法权利的损害。

（3）行为的限制不同。正当防卫行为的实施是出于必要，即使能够用其他方法避免不法侵害，也允许进行正当防卫；而紧急避险行为的实施则出于迫不得已，除了避险以外别无其他选择。

(4)行为的限度不同。正当防卫所造成的损害既可以小于也可以大于不法侵害行为可能造成的损害，而紧急避险对第三者合法权益所造成的损害，则只能小于危险可能造成的损害。

(5)主体的限定不同。正当防卫是每个公民的法定权利，是人民警察执行职务时的法定义务；紧急避险则不适用于职务上、业务上负有特定责任的人。根据我国刑法第二十条第三款的规定："对正在进行行凶、杀人、抢劫、强奸、绑架以及其他严重危及人身安全的暴力犯罪，采取防卫行为，造成不法侵害人伤亡的，不属于防卫过当，不负刑事责任。"这是法律赋予公民的一种特殊防卫权，也有人称为"无过当防卫权"或者"绝对防卫权"；而紧急避险却没有类似的规定。

第四节　艾滋病的预防

一、艾滋病的概述

(一)艾滋病的含义

艾滋病是一种危害性极大的传染病，由感染艾滋病病毒(HIV 病毒)引起。HIV 是一种能攻击人体免疫系统的病毒。它把人体免疫系统中最重要的 T 淋巴细胞作为主要攻击目标，大量破坏该细胞，使人体丧失免疫功能。因此，人体易于感染各种疾病，并可发生恶性肿瘤，病死率较高。HIV 在人体内的潜伏期平均为 8 ~9 年，患艾滋病以前，可以没有任何症状地生活和工作多年。

HIV 感染者要经过数年甚至长达 10 年或更长的潜伏期后才会发展成艾滋病患者，因机体抵抗力极度下降会出现多种感染，如带状疱疹、口腔霉菌感染、肺结核，特殊病原微生物引起的肠炎、肺炎、脑炎，念珠菌、肺孢子菌等多种病原体引起的严重感染等，后期常常发生恶性肿瘤，并发生长期消耗，以至全身衰竭而死亡。

虽然全世界众多医学研究人员付出了巨大的努力，但至今尚未研制出根治艾滋病的特效药物，也还没有可用于预防的有效疫苗。艾滋病已被我国列入乙类法定传染病，并被列为国境卫生检疫监测传染病之一。

艾滋病发病以青壮年较多，发病年龄 80% 在 18 ~45 岁，即性生活较活跃的年龄段。在感染艾滋病后往往患有一些罕见的疾病如肺孢子菌肺炎、弓形体病、非典型性分枝杆菌与真菌感染等。

(二)艾滋病的传播途径

1. 同性、异性的性传播

性传播是艾滋病传播的主要途径，约占整个艾滋病感染人群的90%以上，性传播包括同性与异性之间的性传播。阴道性交和肛门性交是传播艾滋病的主要途径。肛门和尿道黏膜比较薄弱，血管丰富，易出血，男男肛门性交很容易通过破损的伤口进入体内而使人感染。因此，近几年来，我国男性感染率明显上升。

2. 血液传播

(1)静脉注射吸毒。与他人共用被感染者使用过的、未经消毒的注射工具，是一种非常重要的HIV传播途径。(2)输入被污染的血液和血液制品。(3)使用被污染的医疗器械，如牙科器械、手术器械等。(4)日常生活中共用血液污染的剃须刀、牙刷以及文身、文眉等美容器械等。(5)移植了艾滋病人的器官、组织。

3. 母婴传播

(1)艾滋病病毒抗体呈阳性的妈妈,在怀孕时胎儿可能通过许多不同的途径与母体的血液接触,如外力冲撞导致的胎盘损伤出血,有可能导致子宫内感染的发生。

(2)分娩时,感染艾滋病病毒的妈妈,其宫颈和阴道分泌物中有大量的艾滋病病毒,所以婴儿很可能在未受保护下与产道黏膜或感染的血直接接触而被感染。

(3)产后通过母乳喂养使婴儿感染。

二、艾滋病的症状

艾滋病病毒感染可分为急性期、无症状期、艾滋病期三期。其中急性期、无症状期患者统称为艾滋病病毒感染者，艾滋病期的患者称为艾滋病病人。

(一)急性期

急性期约有70%的患者在感染艾滋病病毒后2~4周出现类似流感样的症状，表现为发热、寒战、关节疼痛、肌肉疼痛、皮疹等，大部分患者会在颈部、腋窝或腹股沟部位摸到肿大的浅表淋巴结。2~3周后，大部分病人的症状逐渐消失。

(二)无症状期

无症状期也称潜伏期,体内存有艾滋病毒。潜伏期一般为2~10年。此外,也有少数患者（约 5%）经过急性期之后一直持续性无症状状态。

（三）艾滋病期

淋巴结肿大是此期最主要的临床表现之一，主要是浅表淋巴结肿大，还有些患者会表现出各种全身症状，如全身不适、肌肉疼痛、夜间盗汗、体重减轻、慢性腹泻等。疲倦无力及周期性低热常持续数月。

三、艾滋病的危害与预防

（一）艾滋病的危害

在地球上，平均每分钟都有 1 个孩子死于艾滋病，有超过 1 500 万的儿童因为艾滋病而失去父母。中国艾滋病病毒感染人数在全球居第 14 位，而且以每年 40% 的速度递增。每年的 12 月 1 日是世界艾滋病日，旨在提高公众对 HIV 病毒引起的艾滋病在全球传播的意识。选择 12 月 1 日是因为第一个艾滋病病例是在 1981 年 12 月 1 日诊断出来的，至今，艾滋病已造成超过 2 500 万人死亡。

（二）艾滋病的预防

目前尚无预防艾滋病的有效疫苗，因此最重要的是采取预防措施。其方法是：

（1）艾滋病是一种病死率极高的严重传染病，目前还没有治愈的药物和方法，但可预防。

（2）艾滋病病毒主要存在于感染者的血液、精液、阴道分泌物、乳汁等体液中，所以通过性接触、血液和母婴三种途径传播。绝大多数感染者要经过 5 ~ 10 年时间才发展成病人，一般在发病后的 2 ~ 3 年内死亡。

（3）与艾滋病患者及艾滋病病毒感染者的日常生活和工作接触（如握手、拥抱、共同进餐、共用工具、共用办公用具等）不会感染艾滋病，艾滋病不会经马桶圈、电话机、餐饮具、卧具、游泳池或公共浴室等公共设施传播，也不会经咳嗽、打喷嚏、蚊虫叮咬等途径传播。洁身自爱、遵守性道德是预防经性途径传染艾滋病的根本措施。

（4）正确使用避孕套不仅能避孕，还能减少感染艾滋病、性病的危险。

（5）及早治疗并治愈性病可减少感染艾滋病的危险。正规医院能提供正规、保密的检查、诊断、治疗和咨询服务，必要时可借助当地性病、艾滋病热线进行咨询。

（6）共用注射器吸毒是传播艾滋病的重要途径，因此要拒绝毒品，珍爱生命。

（7）避免不必要的输血、注射、使用没有严格消毒器具的不安全拔牙和美容等，使用经艾滋病病毒抗体检测的血液和血液制品。

附录　常用电话与银行服务电话

1. 常用电话

国际电话区号	86
火警台	119
匪警台	110
医疗急救台	120
查号台	114
道路交通事故报警台	122
非紧急救助服务中心	12345
短信报警号码	12110

2. 银行服务电话

工商银行	95588
中国银行	95566
民生银行	95568
中信银行	95558
建设银行	95533
农业银行	95599
交通银行	95559
浦发银行	95528
招商银行	95555
兴业银行	95561
深圳发展银行	96601
华夏银行	95577
广发银行	95508
光大银行	95595

参考文献

[1]《安全教育读本》编写组. 安全教育读本(中职版)[M]. 合肥：安徽大学出版社，2014.

[2]刘世峰，贾书堂. 中职安全教育读本[M]. 北京：中国人民大学出版社，2015.

[3]蒋和法. 职业学校学生安全教育教程[M]. 宁波：宁波出版社，2014.

[4]张金学. 职业学校学生安全教育[M]. 长沙：中南大学出版社，2008.

[5]黄胜泉. 职业学校学生安全教程[M]. 长沙：中南大学出版社，2008.

[6]黄自力. 职业学校学生安全教程[M]. 北京：北京理工大学出版社，2014.

[7]林英姿. 职业学校学生入学教育[M]. 北京：科学出版社，2014.

[8]董朝君. 职业学校学生安全教育与应急处理训练[M]. 广州：广东人民出版社，2014.

[9]陈翔，胡志斌. 高等学校新型冠状病毒肺炎防控指南[M]. 北京：人民卫生出版社，2020.

[10]国家卫生健康委. 关于印发新型冠状病毒肺炎诊疗方案(试行第八版)的通知[OL]. 学习强国，2020-08-20.

[11]张金萍，秦洪真，祝丙华. 新型冠状病毒肺炎防控知识问答[M]. 北京：清华大学出版社，2020.

[12]张文宏. 张文宏教授支招防控新型冠状病毒[M]. 上海：上海科学技术出版社，2020.

[13]刁大明. 美国是“颜色革命”的幕后推手[N]. 光明日报，2019-09-02.

[14]秦平. 网络造谣终究玩火自焚[N]. 法治日报，2020-06-03.